游乐的科学

游乐的科学
促进儿童成长的活动场地设计

The Science of Play
How to Build Playgrounds That Enhance Children's Development

[美] 苏珊·G. 所罗门（Susan G. Solomon） 著

赵晶 陈智平 周啸 张博雅 译

陈曦 校

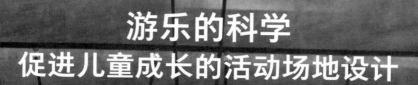

中国建筑工业出版社

著作权合同登记图字：01-2021-3707号

图书在版编目（CIP）数据

游乐的科学：促进儿童成长的活动场地设计/（美）
苏珊·G. 所罗门著；赵晶等译. —北京：中国建筑工
业出版社，2021.8
书名原文：The Science of Play: How to Build
Playgrounds That Enhance Children's Development
ISBN 978-7-112-26296-0

Ⅰ. ①游… Ⅱ. ①苏… ②赵… Ⅲ. ①儿童—文娱活
动—场地—设计—研究—美国 Ⅳ. ①TU984.182

中国版本图书馆CIP数据核字（2021）第143329号

The Science of Play
How to Build Playgrounds That Enhance Children's Development
Susan G. Solomon
ISBN 9781611686104
© 2014 University Press of New England

Chinese translation © 2021 China Architecture Publishing & Media Co., Ltd

责任编辑：孙书妍　兰丽婷　杜　洁
责任校对：张惠雯

游乐的科学　促进儿童成长的活动场地设计

The Science of Play: How to Build Playgrounds That Enhance Children's Development

［美］苏珊·G. 所罗门（Susan G. Solomon）　著
赵晶　陈智平　周啸　张博雅　译
陈曦　校

*

中国建筑工业出版社出版、发行（北京海淀三里河路9号）
各地新华书店、建筑书店经销
北京锋尚制版有限公司制版
北京中科印刷有限公司印刷

*

开本：787毫米×1092毫米　1/16　印张：13¾　字数：231千字
2021年9月第一版　2021年9月第一次印刷
定价：**68.00**元
ISBN 978-7-112-26296-0
（37758）

献给鲍勃（Bob）

生活需要勇气、耐心和力量，但我们总是低估了孩子们直面风险、享受危险带来的刺激以及主动探索事物的能力。

——英国景观设计师赫特伍德的艾伦夫人
（Lady Allen of Hurtwood）

目录

致谢｜xi

引言｜001

第 1 章　问题｜009

第 2 章　风险与独立性｜029

第 3 章　体悟失败与成功｜052

第 4 章　培养执行功能｜078

第 5 章　收获友谊｜099

第 6 章　接触大自然与探索体验｜116

第 7 章　发展方向｜136

结语：范例｜150

注释｜166

主要参考文献｜182

作者简介｜193

译校者简介｜194

译后记｜195

致谢

本书作为《美国儿童游乐场：激活社区空间》（*American Playgrounds: Revitalizing Community Space*）（2005）的姐妹篇，是它的后续及外延。很高兴能与新英格兰大学出版社再次合作，这个由主编菲利斯·多伊奇（Phyllis Deutsch）、社长迈克尔·伯顿（Michael Burton）领衔的团队，一如既往地勤勉工作，并给予我支持。我很庆幸能有这样一群兢兢业业的伙伴帮助我出版这本书，也很开心之前在新英格兰大学出版社任职的埃伦·维克鲁姆（Ellen Wicklum）在收到第一本成书后，依然在远方为我加油鼓劲。

奇普·麦吉（Chip McGee）、翁甄舜华（Grace Ong-Yan）、鲍勃·所罗门（Bob Solomon）、奥德拉·沃尔夫（Audra Wolfe）阅读了本书的全部书稿或部分章节，非常感谢他们给予的无私帮助使本书有了更好的呈现效果。令我遗憾和忧伤的是，读过书稿的马文·布雷斯勒（Marvin Bressler）离开了人世，如今已不能听到他诙谐而深刻的评论。

此外，挪威特隆赫姆（Trondheim）的埃伦·B. H. 桑德塞特（Ellen B. H. Sandseter）、荷兰阿姆斯特丹的埃尔格·布利茨（Elger Blitz）、日本东京的木下勇（Isami Kinoshita）、西班牙马德里的哈维尔·马洛·德·莫利纳（Javier Malo de Molina）、丹麦哥本哈根的赫勒·纳贝隆（Helle Nebelong）不辞辛苦地陪伴我游览了他们所在的城市，我非常感激他们的介绍，帮助我获得独一无二的见解，这些是我无法通过其他方式感受到的。

为写此书，我还叨扰了许多人。他们都没让我失望甚至常常超出我的预期，有些想法远比我所求的更加睿智。我万分感谢以下科学家、设计师、艺术史学家、图书管理员、游戏倡导者、敏锐的观察者：加姆茨·阿巴莫夫（Gamze Abramov）、约西·阿巴莫夫（Yossi Abramov）、维托·阿肯锡（Vito Acconci）、米歇尔·凡·阿克雷（Michel van Ackere）、莫妮卡·亚当斯（Monica Adams）、凯伦·阿道夫（Karen Adolph）、蒂姆·埃亨（Tim Ahern）、丽莎·阿尔宾（Lisa Albin）、琼·阿尔蒙（Joan Almon）、罗伯特·阿斯皮纳尔（Robert Aspinall）、萨拉·韦德纳·阿斯特海默（Sarah Weidner Astheimer）、兰迪·奥根斯坦（Randi Augenstein）、罗素·贝莱顿（Russell Baldon）、康妮·班恩（Connie Ban）、阿德里安·贝尼普（Adrian Benepe）、艾米·柏林（Amy Berlin）、杰伊·贝克威思（Jay Beckwith）、克里斯·贝特尔森（Chris Berthelsen）、波尔·博耶森（Pål Bøyesen）、盖尔·布伦德兰（Geir Brendeland）、戴维·布朗利（David Brownlee）、多恩·巴克（Donne Buck）、简·克拉克·切尔马耶夫（Jane Clark Chermayeff）、马克·克里斯坦森（Mark Christensen）、德波拉·科多尼耶（Deborah Cordonnier）、艾米·克鲁斯（Amy Crews）、斯科特·达尔曼（Scott Dahlman）、莎伦·加姆森·丹克斯（Sharon Gamson Danks）、理查德·达特纳（Richard Dattner）、阿黛尔·戴蒙德（Adele Diamond）、朱迪·戴蒙德（Judy Diamond）、帕蒂·唐纳德（Patty Donald）、蒂姆·埃比孔（Tim Ebikon）、伊本·福尔克纳（Iben Falconer）、亚历山大·菲利普（Alexander Filip）以及消费品安全委员会[1]的工作人员卡琳·弗林（Karyn Flynn）、M. 保罗·弗里德贝格（M. Paul Friedberg）、斯瓦内·弗罗泽（Svane Frode）、朱莉·加温多（Julie Gawendo）、丽莎·盖尔芬德（Lisa Gelfand）、辛西娅·金特里（Cynthia Gentry）、蒂姆·吉尔（Tim Gill）、亚历克斯·吉列姆（Alex Gilliam）、菲尔·金斯伯格（Phil Ginsburg）、珍·格罗斯曼（Jean Grossman）、丹尼斯·古佐（Denis Guzzo）、亚沙尔·汉斯塔德（Yashar Hanstad）、罗杰·哈特（Roger Hart）、玛丽特·豪根（Marit Haugen）、泰瑞·亨迪（Teri Hendy）、乔伊·亨德里（Joy Hendry）、彼得·霍伊肯（Peter Heuken）、马克·霍顿（Mark Horton）、沃尔特·胡德（Walter Hood）、裴翔（Pei Hsiang）、珍妮佛·伊沙科夫（Jennifer Isacoff）、植江雅子（Masako Irie）、佩奇·约翰逊（Paige Johnson）、安娜·卡斯曼－麦克凯雷尔（Anna Kassman-McKerrell）、加藤石一（Sekiichi Kato）、芭芭拉·考茨基（Barbara Kaucky）、琳达·基恩（Linda Keane）、罗斯·凯利（Rose Kelly）、H. 纽尼·基姆（H. Nyunny Kim）、杰夫·金士顿（Jeff Kingston）、吉田惠子（Eriko Kinoshita）、史蒂文·科赫（Steven Koch）、卡罗尔·克林斯基（Carol

---

[1] 美国重要的消费者权益保护机构之一，简称 CPSC（Consumer Product Safety Committee）。
　　——译者注

Krinsky）、莱因哈德·克罗普夫（Reinhard Kropf）、詹姆斯·兰比亚西（James Lambiasi）、马丁·凡·德·林登（Martin Van Der Linden）、查尔斯·麦克亚当（Charles MacAdam）、堀内纪子（Toshiko MacAdam）、舒藤町（Shuto Machko）、南希·冈萨雷斯·麦登斯基（Nancy Gonzalez Madynski）、约翰·梅迪纳（John Medina）、希尔帕·梅塔（Shilpa Mehta）、杰恩·默克尔（Jayne Merkel）、玛丽·米斯（Mary Miss）、耶尔根·莫伊（Jørgen Moe）、大西麻贵（Maki Onishi）、小野洋子·帕多克（Michiko Ono Paddock）、马特·帕斯莫尔（Matt Passmore）、雷巴尔工作室（Rebar Group）、塞萨·佩仁（Césare Peeren）、简·佩里（Jane Perry）、琳达·波拉克（Linda Pollak）、南希·普雷斯曼（Nancy Pressman）、托德·雷德（Todd Rader）、克里斯·里德（Chris Reed）、布伦特·里克特（Brent Richter）、杰基·萨菲尔（Jackie Safier）、凯瑟琳·索尔维（Katherin Sauerwein）、玛莎·施瓦茨（Martha Schwartz）、谢里·施魏格哈特（Sherry Schweighardt）、马丁·塞利格曼（Martin Seligman）、肯·史密斯（Ken Smith）、伯纳德·施皮加尔（Bernard Spiegal）、西夫·海琳·施坦格兰（Siv Helene Stangeland）、丽莎·司维金（Lisa Switkin）、田畑莎拉（Sarah Tabata）、田中里穗（Riho Tanaka）、手塚贵晴（Takaharu Tezuka）、手塚由比（Yui Tezuka）、卡尔-克里斯蒂安·蒂斯（Karl-Chirstian Thies）、梅雷迪思·托马斯（Meredith Thomas）、玛莎·索恩（Martha Thorne）、南希·索恩（Nancy Thorne）、马特·乌尔班斯基（Matt Urbanski）、戴维·沃克（David Walker）、彼得·沃克（Peter Walker）、山姆·王（Sam Wang）、尼基·瓦希达（Nicky Washida）、比尔·惠特克（Bill Whitaker）、罗伯特·惠特克（Robert Whitaker）、克莱门特·维勒曼（Clément Willemin）、佩妮·威尔逊（Penny Wilson）、凯蒂·温特（Katie Winter）、罗布·威尔逊（Rob Wilson）、卡拉·雅尼（Carla Yanni）和丹·佐哈尔（Dan Zohar）。

埃米·奥加塔（Amy Ogata）、尼古拉斯·戴（Nicholas Day）、萨姆·阿布勒姆斯（Sam Abrams）的著作对我的写作大有助益。而普林斯顿大学的燧石图书馆是我绝佳的创作之地。

我的家人一如既往地滋养着我。我可以放心地依赖乔恩·所罗门（Jon Solomon）的批判视角、敏锐的设计意识以及感召人们来帮助我的能力；黛布拉·所罗门（Debra Solomon）的鼓励和坚持（促使我写了第二本关于游乐场的书）；妮科尔·舍勒（Nicole Scheller）作为优秀教师提供的深刻见解以及吉尔·卡梅尔（Gil Carmel）对于电脑游戏和玩耍富有智慧的评估。

孙辈们——玛吉（Maggie）、诺亚（Noa）、亚当（Adam）让我感受到了精心打造的游乐场所的奇妙之处。能与他们共度一段时光（无论在游乐场还是在别处）令人感激，看到他们的父母赋予他们快乐的童年时光，也让人开心不已。

谨以此书献给我的丈夫——鲍勃·所罗门（Bob Solomon）。我在外时他多次烹饪菜豆烩意面，我们一起出游时他能拍出精美的照片。我很幸运能拥有这样一位善解人意、慷慨又才华横溢的人生伴侣。

引言

　　忘记游戏。暂时地摒弃"玩对儿童是有益的"这种想法，别去想那些可以玩耍的地方。把旧观念放在一边，我们才能重新审视美国的游乐场所，运用大胆的、创造性的策略去完善它们。

　　目前关于游戏、其价值以及游戏空间的讨论已陷入僵局，因此我们需要大胆创新地思考。游戏的定义仍是模糊的。游戏可以是教师引导下的开放式、自由组织的体育锻炼，也可以是有趣的、使人愉悦的爱好[1]，还可以是无目的的行为或异想天开的行动。[2] 行为科学家们支持"游戏是出于本能而非目的驱动"的看法，认为过程比结果更重要。[3] 英国游乐场员工的观点充分结合了公共空间的现状，应是最经得住考验的。他们主张，游戏是一种"自由选择、自我导向、本能驱动"[4]的行为。

　　在美国当代文化中，游戏"要么被忽略，要么被理想化"。[5] 人们对游戏价值的评判大为不同：一位游戏倡导者认为"剥夺儿童、青年人玩的权利将会导致他们变成杀人犯"[6]。然而，也有人认为游戏可有可无，特别是在学校的日常活动中。拥护游戏的人可能过于热忱，"把益处都归因于游戏"，而反对游戏的人可能过于武断，忽视了游戏的作用。[7] 争论的双方总拿趣闻而非证据来说理。

　　即使是在学术界，对游戏的评判也是对立的。游戏是个与教导、学校测验相对的概念。《玩＝学》（*Play ＝ Learning*）一书汇总了此前同名大会上的论文，展示了关于游戏理论与研究的综合性成果，其结论倾向于以引导型游戏为范式。我们都愿意相信游戏能提高语言水平、帮助解决矛盾冲突以及增强理解他人的能力，但有研究人员表明："要提供关于游戏本身如何促进这些能力的确凿证据，谈何容易。"[8] 一位勤勉的调查者提出："支撑游戏确切价值的经验数据很薄弱。"[9] 游戏对解决问题、创造力的促进作用于20世纪70年代提出，但在20世纪80年代的双盲实验中无法再次验证。[10] 自主游戏有益的前提是孩子们可以独立完成，且游戏涉及"群体学习、体能训练……（但）若是目标导向型的自主游戏，其教育价值（或认知价值）很有可能被夸大了"[11]。著名的宣传、研究机构——"游乐英格兰"（Play England）发表了一份文献综述，其中论述了与认知提升相比，游戏与内在动力、情绪、复原力间的联系更紧密。[12]

　　社会对于游戏概念的理解是如此的不同，以至于仅仅在公共空间花些钱为孩子们做点调整是不够的。只专注研究游戏还不够严谨，不足以保护和改善游戏场地，即使是约翰·赫伊津哈（Johan Huizinga）的杰作《游戏的人：文化中的游戏元素研究》（*Homo Ludens: A Study of the Play-Element in Culture*，于 1938 年出版，1949 年被译为英文并出版）也太哲学化，不适用于我们具体的需求。我们必须改变争论的方向，从而让游乐场的投资人及设计师能获取恰当的讯息以做出判断，使他们避免因保险费用或责任划分而过度忧虑。为此，本书以普遍存在的、系统的问题而非怀旧或留恋的情绪为出发点，对美国的公共游戏空间进行讨论。儿童苗壮成长需要什么？哪些因素会对儿童在情感上、社交上和文化上的成熟造成影响？什么样的经历能帮助他们成为能干的成年人？我们如何能在日常生活中制造点意外，让儿童透过这些难以预料的挑战进行思考？我们怎样能培养他们积极投入我们无法预知的未来中去呢？

　　行为科学（更具体地说，是神经科学）的数据提供了一些有效的切入点。[13]虽然其中有些仍处于初级阶段，最新的研究已暗示了儿童成长所需的经历。这些研究潜藏着"大脑的可塑性超乎想象，即使是在成年阶段"[14]这一观念为理论基础。我们知道，先天因素与后天培养是相互关联的。曾局限于理论层面的这些关联，如今能用精确的工具测量出来或是用先进的影像标记出来。这是一种交互式的变化，受基因和经验共同影响来回进行着。[15]这些发现表明，儿童应享有尽可能多的广泛及多样的机会。

　　本书充分利用了已有的和新兴的信息将科学与设计结合起来，使任何人，尤其是美国城市的决策者、设计师、教师以及家长，可获得一些实用知识，以便了解儿童在成长过程中可能存在的需求。本书提供了一种参考资源，展示了最新的研究被引入实际物理空间时的呈现方式。通过运用新标准来设计儿童户外空间，公众能够看到这些令人兴奋的成果是如此可行、充满吸引力，并且是财力负担得起的。

　　本书展示了建筑师和景观设计师（尤其是在欧洲和日本）是如何欣然接受了一些科学猜想，并且在一些案例中已经将这些猜想运用到他们的设计中。他们中的一些人对当下的科学思想有所了解，另一些则利用自身的背景知识及经验创作出契合科学思想的、先进的设计作品。这些设计是对国家认同及"童年阶段能激发儿童创新思维"的观念的一种反映。这些观念体现了对共同利益的拥护可以保证游乐场设计的创新性，并促使艺术家也参与设计过程。

虽然美国人倾向于设计保护儿童的方法，我们也应该了解其他国家的做法，并向那些对年轻人投以信任的模式，来探索儿童户外活动的开展形式。外国的公共空间设计常会避免传统游乐场设施的刻板及可预测性。他们建造的游乐场性价比很高，总是可持续发展的、容易进入的，且独特的。通过展示这些成功案例，本书旨在填补设计师和投资人都意识到的市场空白。建筑师和景观设计师需要一个能给他们有关游乐场所的建议的专业框架。投资人需要一个依据来鼓动他们开启创新项目。希望本书能满足这两方面的需求，并尽可能使用对外开放的、受欢迎的、具有普遍性的设计案例来说明。

时间至关重要。在美国，大城市常常花费 200 万～300 万美元翻新一个游乐场，而目前的投资回报率非常低。中型城镇面临着相同的情况，只是翻新费用一般在 40 万～75 万美元。如果都以丰富儿童的日常生活、打造更坚固的代际社群为目标，那么建造游乐场的费用相比建造学校或图书馆更为低廉。不同于学校或图书馆，大多数游乐场的设施预计只能使用 15 年，使用寿命之短令人震惊。我们希望能找到解决办法，使翻新设施更容易或延长其使用寿命。[16]

美国儿童的日常生活范围已缩小到家、学校和安排好的活动。室内收费儿童游乐场激增引人注目。对室内活动的明显关注已持续了至少 10 年。2004 年，威斯克牌（Wisk）洗涤剂赞助进行了一个关于母亲与儿童户外活动情况的深度调研，调查发现，有 70% 的受访母亲在儿童时期每天都会在户外游玩，而她们的孩子里只有 31% 会每天进行户外活动。[17] 威斯克将该调研报告与其自己开展的"美国需要泥土"运动联系起来，并对儿童不在户外玩耍、不弄脏自己的现象表示担忧。

儿童及其家庭应将公共空间纳入生活环境中，但我们为之所做的努力不足，现实情况是他们越来越"脱离社群"。[18] 美国游乐区的实际状况使得人们望而却步，这加强了反对游戏的呼声。在全国反复沿用的设计表明儿童得不到任何建设性的帮助，这一定程度上说得在理。显眼耀目的设施对儿童的成长、独立意识的促进作用很小。一两处乏味的金属或塑料材质的设施统摄了整个游乐场。这些设施多是单向的，使儿童不得不攀爬、穿越或滑下。还有一些辅助设备，如低矮的人造岩石或贴近地面的新式立体方格攀登架，也未能使玩乐场地得到改观或打破这样的静态设施组合。我们总是听闻如今儿童的生活过于程式化，然而，我们经常为儿童提供封闭的玩乐方式又加重了这种程式化。[19]

　　投资领域的扩大形成了一个可改变现状的办法。旧金山和芝加哥的公园主管部门正扩展他们的工作内容，在游乐场附近增设成人锻炼区或遛狗区。这两个区域活跃了户外活动场所。众多人口密集的城市比如纽约，开始在课外时间向公众开放校园运动场，充分利用宝贵资源来提供更多场所供社区居民玩乐，倡导注重社区街道生活。[20]市政交通部门正委托建造包含儿童活动空间的公共场所。于2017年投入使用的旧金山市跨海湾交通枢纽［由建筑师西萨·佩里（Cesar Pelli）和PWP景观设计事务所共同打造］是集火车、有轨电车、公交车于一体的运营中心，其以休闲娱乐为主要功能的屋顶包含了一处游戏专用区。这个距地面60英尺（约18.3米）高的5英亩（约2公顷）大小的生态公园将成为一个新兴的商住区域的核心。

　　游乐场所能够提升商圈影响力、增加其潜在经济价值。20世纪中叶的购物中心常在室内中心区域安装游乐设施，甚至早在20世纪20年代，一些百货公司就设置了受监护的游乐场所。[21]最近，一些零售开发商利用邻近的户外区域建造公共游乐空间，以吸引各年龄段人士并美化街景。成年人愿意参与进来是因为这些活动让人放松，而不是因为必须守着自己的孩子。堀内纪子（Toshiko Horiuchi MacAdam）在2012年为西班牙萨拉戈萨市（Zaragoza）设计了一种网状结构。在东京，本土景观设计公司——Earthscape景观设计事务所为宽敞的川崎广场［里卡多·波菲尔（Ricardo Bofill）建筑设计事务所设计］购物中心设计了一个适合各年龄段的游乐场。它坐落在购物中心的地面停车场和室内车库之间的街角处，是一个由一系列硬质橡胶折叠出的平面构成的游乐场所。不论什么年龄的人都可以奔跑至其中一个"金字塔"的顶端，而后猛冲向另一个"金字塔"，之后又可以开始向上跑；还有一个平台可以滑向底部的沙堆（图0.1）。

　　住宅开发商所代表的行业曾拒绝将儿童友好型设施纳入项目中，而如今他们正把游乐场作为一种营销手段。旧金山的一位开发商聘请了PWP景观设计事务所在规划好的住宅项目旁设计一处公园。PWP设计了

图 0.1　Earthscape 景观设计事务所设计的东京川崎（Kawasaki）广场购物中心旁的游乐场，2006 年建成（作者摄于 2013 年）

一个 4000 平方英尺（约 371.6 平方米）的"游乐花园"，里面有岩石雕塑、沙地和流水，供儿童攀爬、戏水或社交。同样，在北岸汉密尔顿公园（Northshore Hamilton Park）——一个在澳大利亚布里斯班古码头旧址上建立起的多功能公园中，开发商委托艺术家菲奥纳·福利（Fiona Foley）（通过城市艺术项目）设计了一处游乐景观。其目的在于丰富社区聚会，促进销售。在英国格洛斯特郡（Gloucestershire），高端住宅小区的业主表达了不满，原因是按计划建造好的游乐场不符合他们的审美品位，开发商只得先关闭进行重新粉刷。延误的工期并未迅速结束，便有住户站出来表示，他们在那里购买房产的原因之一便是这个游乐场。[22]

　　医疗行业也开始关注游乐。美国的儿科医师发现自身扮演着双重角色，既是游乐场所的拥护者，也是它们的守护人。医疗协会发布了重要研究报告，强烈要求家长允许孩子拥有更多可自由支配的闲暇时间。这些报告建议，儿科医师应了解自己社区内的游乐资源，以便推荐给家长。[23]
这些人深谙玩耍中的学问，他们明白儿童有机会获得愉快的、学习之外
的经历至关重要。他们致力于增加公共游乐场所，但时常不知道这对人
居环境意味着什么。他们需要更多可见的参考，他们需要知道如果将他
们的结论运用于突破性的设计上会有什么样的效果。

在荷兰海牙，一家疗养院（一种看护式住所，住客多为老年人）被
建在了一个公园旁（比利假日公园，名字 Billie 取自邻近的街道），公园
并未吸引到很多人。疗养院的楼群建好后，市政府认识到修建一个供家
庭玩乐的高级游乐场很有必要。Carve 公共艺术设计事务所［Design Firm
Carve，由埃尔格·布利茨（Elger Blitz）和马克·凡·德·恩格（Mark
van der Eng）创立］提出了一种独立的、可惠及几代人的构筑，并使其成
为这附近的新中心。[24] 设计师们巧妙地创造了一处"游乐岭"（playhill），
其中包含横档座椅、自行车道、秋千、沙坑、攀岩场、嵌入式蹦床和一
个 6 英尺（约 1.83 米）高的攀爬墙（图 0.2）。这些功能集中在一个延展
的面上，从而提供了多种选择，不规则的整体形态与场地本身的条件十
分契合。Carve 公共艺术设计事务所证明了我们能创造出既吸引孩子又令
人印象深刻的游乐场，同时给他们提供多样的玩乐可能，让形形色色的
人聚集在一起，而又成本低廉（不及美国小城市购置标准化游乐场和面
层处理费用的一半）。[25] 曾经荒凉的公园如今因为这个大玩具而变得十分
热闹，许多人慕名而来。[26]

警示与信心

本书提出了一些警示，但更多的是信心。本书研究的主体是城市中
主要服务儿童（但不仅限于儿童）的户外空间（据世界银行推断，超过
80% 的美国人居住在城市），以及改善这些空间的方法。有观察性研究
证据证明，儿童在户外玩耍时，时间更长、形式更复杂。[27] 本书很少着
墨于体育运动、比赛（除非它们是自发的）或有组织的休闲活动，全书
尽力寻求的是惠及几代人的解决方案，是各领域的艺术家（包括建筑师
和景观设计师）可以群策群力的解决方案。

由于有人担心生物学家和神经科学家将哺乳动物行为和人类行为联
系起来的做法过于武断，本书未使用动物研究作为论据。[28] 本书也未就有
关身体健康、消除肥胖或解决霸凌问题进行详尽的讨论，这些话题引发

图 0.2　Carve 设计的比利假日公园，位于荷兰海牙，2013 年建成。其中的大型游乐玩具是在土工布（塑形用）和金属网上浇钢筋混凝土的方式制作的（Carve.nl 供图，Marleen Beek 摄于 2013 年）

的问题需要参考其他经过细致调查的书籍。[29] 同样，因本书关注的是公共场所，所以也未就父母如何关心爱护子女进行详细的论述。亦有其他书籍探讨这些话题。

　　本书的每一章都强调了大多数游乐场所正在失去的一种价值取向：冒险、掌控（也有可能在成功前失败了）、执行（规划、解决问题、变换工作记忆）、交友（包括拥有不同年龄的伙伴）、接触大自然以及随意地玩耍。这些取向的分类既不是随意提出的也不是完全精确的，它们展现了如今关于儿童发展的讨论中盛行的一些主题，这些方面也非常适合指导功能划分。游乐场案例的选择是更为主观的。本书展示的大多数游乐场所具有多种特征，它们代表的是成功的个例，但也符合前面提到的若干价值取向。为推介最亲民的游乐场所，本书引用的案例是不需要门票的游乐场，少数案例会收取门票，但其设计可作为建造其他免费的本土化游乐场的指导原型。

现在是一个对美国游乐场所发展十分有利的时代。自 2000 年以来，能明显地感受到对游乐场所现状的反对声音虽小却在不断变强：投资人、管理人、家长都乐于倾听新的想法。权责划分、保险费用是一些人长久以来的顾虑，他们意识到游乐场地正迅速成为一种昂贵却对社区并无贡献的设施，所以愿意考虑其他替代品。康恩·伊古尔登和哈尔·伊古尔登（Conn and Hal Iggulden）的《给男孩的冒险书》（*The Dangerous Book for Boys*）以及吉佛·图利（Gever Tulley）和朱莉·施皮格勒（Julie Spiegler）的《50 个你应该让孩子去冒的险》[*50 Dangerous Things（You Should Let Your Children Do）*] 的销量表明了人们对儿童的生活减少限制的强烈呼吁。[30] 理查德·洛夫（Richard Louv）的《林间最后的小孩》（*Last Child in the Woods*）同样也触动了人们的神经。校园绿化运动的势头也在不断增强。

我们应当注意到一个相关的看法，尽管这个观点要追溯到近 30 年前。1985 年，在丹麦和美国都工作过的建筑师奥瑟·埃里克森（Aase Eriksen）编写了一本具有远见卓识的书——《游乐场设计：促进学习和成长的户外环境》（*Playground Design: Outdoor Environments for Learning and Development*）。埃里克森为美国游乐场所的情况感到惋惜。她发现，美国的游乐场总是无人造访，形式过于枯燥且不能吸引儿童，因而被鼓吹游乐无用论的人们嘲讽为毫无意义的设施。她的建议很深刻：儿童会自主培养自己的独立意识和兴趣爱好，我们可以通过以“游乐景观”（与周围景物完美契合的大众游乐场所）取代限制年龄的游乐场，使其可以作为社区活动中心，以及推动“儿童体能、情商、智商及社交能力发展”[31] 的户外环境来促进儿童的发展。埃里克森主张创造多样化的体验式场景，让儿童能“探索并操控”外界环境。她认为，为了增加游乐场所的数目，课外时间将校园“变身”为游乐场显得至关重要。[32]

我们可以从埃里克森对于户外空间是如何帮助儿童改进为人处世方式的理解中学习。通过运用科学知识，我们可以重新评估现有的游乐场所，找到呈现多样性和惊喜成果的方法，确保重新建造的游乐场所以最有效、最激动人心、最负责任并节省开支的方式发挥好作用。成功的游乐场所不能解决所有问题，但可以为儿童创造成长成才、情感成熟、增加自信的机会。我们不能再假装很吃惊地发现孩子们不愿意去游乐场地玩耍了。我们抑制了他们的激情和勇敢，现在可以开始重新评估、纠正做法，以期为儿童提供更多机会，为我们所有人创造更好的生活空间。

第 1 章 问题

我们处在一个不确定的时代，人们普遍急于培养孩子应对将来未知挑战的能力，但我们并不是最早这样想的人。1962 年，玩具及游乐设施供应商——创意玩具公司（Creative Playthings）发布了一套产品目录，正切中了我们所处困境的要害。该目录中提到，家长和老师们"被号召起来，让孩子去准备应对一个完全崭新的世界，这世界太新，以至于我们不敢预测它的发展趋势、技术突破以及社会结构"[1]。苏联人造卫星的发射、冷战的不断加剧使家长们更加不安；而我们必须应对更加震撼的技术进步、更加复杂的政治环境、更加密集和高度城市化的物质环境。

美国如今的游乐场所尚不能起到健全孩童心智、使得他们有能力应对未来未知考验的作用。反观 20 世纪五六十年代振奋人心的游乐场地，其中的典范便是创意玩具公司游乐雕塑产品部的创意，他们委托艺术家重新思考和定义游乐场。而今天美国典型的游乐场完全不能培养出孩子们应对不确定性的能力。我们发现，不需维护的围栏游乐场重点考虑的是安全性，而非培养孩子的批判性思维、辩证推理能力、主动探索意愿或积极冒险的能力。

KFC+P

我们仔细观察现在常见的游乐场，就会发现它们不仅在外观上不吸引人，而且所提供的有利于个人探索或发展社交能力的机会空间也不大。设施简单易懂又不能锻炼能力，几乎所有孩子都能轻松驾驭，过程不艰辛，也无成就感可言。每个人都能成功，但这成功并不意味着成就，因其中无须付出努力，不必团结协作。孩子被剥夺了改变环境的自主性。他们擦伤膝盖或肘部瘀青的概率很小，在过去，这些小伤表明孩子尝试了新事物，而如今，游乐设施像个颜色华丽而庸俗、既不和谐也不自然的调色板，仿佛在向孩子们叫嚷："这里很好玩！"色彩的搭配也好像在

图 1.1　纽约市 2012 年扩建后的珍珠街游乐场，此次翻新由私人赞助，共花费 210 万美元。相比之前的场地，它的围栏更不容易翻越，但游乐设施依然老旧，地面装饰单调，围栏外面紧挨人行道的地方种植了植被，却不能为游乐场所用。不明白为什么会有个成年人在这个供儿童玩耍的设施中（Robert S.Solomon 摄于 2013 年）

声明设施本身已经带来了欢乐。人们并不相信孩子可以创造出属于他们自己的快乐时光（图 1.1）。

　　英国人给这种标准化游乐场起了这样一个昵称——"KFC"，即成品游乐设施（kit）、围栏（fence）、地垫（carpet）的缩写。[2] 美国沿用了这一单调的配置，在此基础上还加入了另一个负面元素：家长（parents）。这种老一套模式（KFC+P）意味着我们剥夺了孩子们获得些许独立、学会一些技能、认识同龄人或其他年龄段的人以及弄脏自己的机会。

　　美国人在游乐场地的设计建造过程中深受费用、责任划分等因素的影响。公园管理部门以及学校教育委员会购置的都是标准化游乐设施，"看上去旧了"时就替换掉，因为这种类型满足了他们最迫切的要求：维修方便、责任风险小。塑料制品和金属制品几乎不需要维护。在细雨或大雾之后，因担心设备变得湿滑，一些机构为安全起见会关闭游乐场所。

供应商向客户保证其产品达到或优于所有联邦标准，但设施昂贵，因为每次销售中都加入了责任成本，当地的投资人也希望通过购买现成产品的方式，有效地把自身可能承担的法律责任转移给供应商。我们越来越热衷于诉讼，自20世纪80年代以来，我们培养了一种受害者文化。[3] 家长们认为，孩子受再小的伤都可以怪罪于别人，而不是自己的孩子。美国法律制度有时允许对这类伤害进行高额索赔，家长也常希望获得经济补偿。欧洲、日本这样的经济赔偿金额很低，其法律制度对侵权损害赔偿进行了限制。欧洲人、日本人期待儿童能判断自己的行为并考虑自身安全及公共安全。[4] 事故发生后，欧洲或日本的儿童可能会说：“我做错什么了吗？”而美国儿童（或其家长）可能会问：“我的律师在哪里？”[5]

美国安全指南的麻烦在于，它们几乎涉及了所有可能造成伤害的情况，无论是轻微的还是严重的。消费品安全委员会（CPSC）于1981年出版了其第一本《公共游乐场安全手册》（*Handbook for Public Playground Safety*）。联邦政府的那些“建议”以及紧随其后的美国材料测试学会（ASTM）在技术方面的建议将持续更新并保持与法律法规同等的效力。保险代理人也要求他们的客户采纳这些建议。甚至像泰瑞·亨迪（Teri Hendy）这样德高望重的游乐场顾问、安全专家也指出，这些标准从一开始进行制度设计时就失败了。这位曾参与编写ASTM标准的专家表示，它们试图抹去所有的风险。[6] 她现在认为，ASTM应只注重预防致命性的、危及生命的或使人衰弱的伤害，她意识到对轻伤的关注已经让我们不堪重负。[7] 其他观察者注意到，我们普遍倾向于将轻伤和重伤归在一起，都称为“伤害”。[8]

根据消费品安全委员会指南的要求，设施本身的规律性可能正是一种危害。丹麦景观设计师赫勒·纳贝隆（Helle Nebelong）认为预制件的统一间距，尤其是台阶及水平梯的间距，使得儿童错误地陷入对一致性的期待中，而不能具备应对变化的能力。[9] 从未主动认知过其周围环境的儿童会误以为梯子或单杠的各梯级间距离理所当然是一样的，当这些孩子面对没有完美工程化处理的场景时没有能力做出恰当的判断。神经科学家桑德拉·阿莫特（Sandra Aamodt）和萨姆·王（Sam Wang）认为，美国游乐场地的设施未能让孩子区分出什么是安全的，什么是危险的。[10]

另一个悖论是美国联邦标准，该标准声称要涵盖一切，却忽略了一些真正的危险。一个明显的疏忽是消费品安全委员会的《公共游乐场安全手册》（2008 年版）中关于秋千的说明。该手册建议"秋千使用区域"为"秋千轮廓各方向向外 6 英尺形成的区域"，在这半径为 6 英尺（约 1.83 米）的圆圈内不可放置任何东西。地面装饰颜色上的变化（例如：一个大圆圈）常能指明使用区域。这一解决方案在纸上说得通，但对在游乐场中各个活动点跑来跑去的学步儿童来说毫无意义。一个更有效的办法是把秋千设施安装到稍高一点的平面上（如低矮的土墩），指定使用区域，避免幼童闯入。但这些办法并没有在手册中推荐或鼓励。

联邦标准不仅仅导致了规避风险的设施的过度建设。该标准还倡导年龄隔离，这体现了游乐场地设施与当前关于玩乐的教育思想之间的脱节。我们的游乐场地通常有一个供 2～5 岁儿童使用的区域，还有一片为 5～12 岁儿童设置的更高级的装置。供应商们最近增加了一种设施，专供 6～23 个月大的宝宝使用，因此我们可能会逐渐看到供婴幼儿使用的第三类游乐区。虽然将婴幼儿和稍大点的孩子分开有一定道理，当代教育工作者和心理学家更希望不同年龄的儿童之间的互动能让年长的孩子帮助年幼的孩子成长。他们引用列夫·维果斯基（Lev Vygotsky，1896—1934 年）的著作作为依据。[11] 虽然他已于几十年前去世，作品更是直到 20 世纪 60 年代才在西方被人知晓，但维果斯基的学说自 20 世纪 80 年代起就很有影响力。[12]

今天游乐场上按年龄划分的做法可追溯到 20 世纪 50 年代，当时，儿童心理学家让·皮亚杰（Jean Piaget）和埃里克·埃里克森（Erik Erikson）都强调儿童发展的几个连续的阶段，他们的理论在当时深入人心。[13] 如今，由于科学家证明了并非所有的孩子都会经历这些阶段，皮亚杰的理论越来越不被看好。[14] 现在我们认为，年长的孩子可带动年幼的孩子（"邻近发展区"，维果斯基创造的术语），帮助他们取得比依靠他们自己或仅与同龄人一起更突出的社交能力和认知能力。

喜欢目前游乐场地设计的人总是有一条退路：设施可能平淡无奇，但至少它为儿童提供了体验剧烈运动的机会。最新研究发现，这条退路也可能是行不通的。部分初级研究表明，仅有设施并不能增加体能锻炼，原因可能是儿童需花时间排队等待，或没有很多机会用上这些设施。[15] 如今的设备有利于练习握力和手部协调，但不能锻炼上半身、核心力量或条件反射。[16] 儿童需要激活运动技能的锻炼，比如跑、跳、蹦、跃。疾病预防与控制中心发布的政府标准中恳请家长留意孩子除强健骨骼和增加肌肉外，还得进行有氧运动。[17]

我们需要有创意的解决方案，然而，游乐场地的投资人往往放弃聘用建筑师、景观设计师或其他艺术家，他们（错误地）认为运用这些人的专业服务和设计的费用会很昂贵。专业设计人士的缺席最终会导致项目效果平平。一个好消息是，了解潜在起诉风险的设计师在参与项目时能在不增加成本的情况下提升效果。这对所有参与方来说都是双赢的局面，结果也表明我们可能会获得相比普通的成品设施更具创意、作用更大且成本更低的设计。在旧金山市多洛雷斯公园（Dolores Park）海伦迪勒游乐场（Helen Diller Playground，2011 年建成）的设计中，景观设计师史蒂夫·科赫（Steve Koch）改变了成品设施的位置并将之与自己的设计结合在一起，公园捐赠人——杰基·塞弗（Jackie Safier）睿智地指出："把资金花在设计师身上，最终都会有回报的。"[18]

围栏

熟悉的、标配型的游乐场地设备可能使儿童感到无聊。常见游乐场地的高围栏明确暗示着儿童的玩乐是一个必须存在限制边界的活动。围栏限制着他们的行为，限定着他们的玩乐区域。游乐场变成了一个牢笼式的孤岛，强化了儿童是在"囚禁"中被抚养的印象。[19]

若其意图是避免交通工具伤及儿童，那么这些随处可见的围栏还说得过去。汽车对儿童构成了真真切切的危险，我们当然必须千方百计地阻止小朋友冲到街道上去，但围栏并不是唯一的解决办法。园林绿化中通常使用茂密的灌木，既可以达到相同的目的，也避免了看起来好像将儿童关在"牢笼"里的效果。另一种方法是保留围栏，但要用植物或建筑元素将它掩藏起来。建筑师琳达·波拉克（Linda Pollak，就职于 Marpillero Pallak 建筑设计事务所）提出了试验性的措施，即在边界增加一个有长凳的休息场地或附上攀岩设施或秋千。[20]

如今，游乐场地常常远离街道，高高的围栏反映出家长更担心有人闯进来，而非儿童跑出去。纽约市的一项法令规定，未带小孩进入游乐场地属于违法行为，其他城市也有类似的条例或有同等效力的警示牌。游乐场入口的标牌强化了这一规定，通过一种不大巧妙的方式提醒家长要时刻保持机警，对单独活动的成年人保持警惕。

不必担心在游乐场地发生绑架事件，这对社会和家长来说都是好消息。原来，"陌生人威胁"是种真实的妄想症，但引发"陌生人威胁"的底层恐惧却是虚假的。研究美国人童年阶段演变的一位权威学者、历史学家史蒂文·明茨（Steven Mintz）指出，这样的恐惧最初出现于 20 世纪 70 年代，且目前尚未有减弱之势。[21] 他用社会学术语"道德恐慌"来解释过度恐惧如何取代了合理的关心，最终使我们沉溺于一种恐惧的氛围中。明茨说，荒谬但普遍的关于安全和风险的论断控制了政治人物的手，恐惧取代事实主导了政策的制定。[22]

陌生人在游乐场地绑架儿童的可能性极小。绑架儿童的人通常是孩子们认识的，而非陌生人。[23] 最近一次全国绑架案统计是在 1999 年[24]，那一年有 262215 起案件（后续的统计直至 2010 年才开始，尚未结束）。其中，仅 115 起案件中的作案者是陌生人或只是有点儿面熟的人。[25] 一位作家这样描述该数据：1999 年，美国 5900 万名 14 岁以下的儿童中，每个孩子被陌生人绑架的概率是 1/655555。该作家提醒，不到 5 年后（2003 年），285 名儿童（14 岁以下）在游泳池中溺水身亡，2408 名儿童死于车祸。根据计算他总结道：儿童"在车祸中死亡的概率远远超过了在游乐场被陌生人绑架的概率"。[26] 尽管因车祸死亡的人数已经下降了（最近一次的统计进行于 2011 年，有 1140 人），统计数据仍然证实了另一观察者的观点，他注意到，因为陌生人绑架案和凶杀案非常少，我们只能说出几个作案人的名字——伊坦·帕茨（Etan Patz）、波莉·克拉斯（Polly Klaas）、玛德琳·麦卡恩（Madeleine McCann）。如果陌生人绑架案件很寻常，我们会因名字太多而记不住。[27] 这些可怕的绑架事件发生时，儿童要么在街上走着，要么在床上睡觉，而不是在游乐场地上被抓走。

让人觉得讽刺的是，比起让孩子独自待在游乐场上，家长们觉得开车带孩子兜风更妥帖，但其实这样就会有发生交通事故的风险。[28] 也许游乐场就像 20 世纪五六十年代的飞机：无数成年人害怕坐飞机，尽管据统计乘汽车去机场的事故风险更大。而如今，游乐场地让家长们感到恐惧，即使开车前往的意外风险要高于在游乐场内的。

此外，我们给许多孩子灌输了毫无根据的恐惧。儿科医师、公共卫生专家罗伯特·惠特克（Robert Whitaker）观察到儿童会被父母的恐惧传染，他们不明白为什么要去一个让大人如此焦虑的地方。[29] 儿童对父母的不安感同身受，并由此产生了自己的困惑。在英国的一项调查中，7～14 岁儿童的父母中有近一半表示，在没有大人监护的情况下孩子出门是不安全的。这些人中的一半（1/4 的受访者）认为肯定会遭遇绑架。他们把这种恐惧传达给了孩子：7～10 岁的孩子中有 48% 认为在外玩要时需要大人陪同，10～14 岁的孩子中认为需大人陪同的仍达到了 30%。[30] 大胆的日本儿童看到了过度保护和时刻监护的荒谬性，他们会玩一种"陌生人警报"的游戏或故意远离监视范围来嘲笑这些荒谬的做法。[31]

美国一个儿科学会游戏报告的主要作者肯尼思·R. 金斯伯格（Kenneth R.Ginsburg）有更加务实的理由说明不必再过分强调绑架儿童的风险。他争辩道，孩子可能遇到真正紧急的情况——疾病、事故、走丢，这都需要他们向陌生人寻求帮助，不然可能会使他们遭遇更大的危险。家长若要求孩子永远不要和陌生人说话，可能否决了在孩子需要时寻求帮助的一种途径。[32] 也许我们应提供给儿童不同类型的信息，让他们能确定谁可能是坏人，谁可能是好人并且能给予帮助。这种训练可以从开放的游乐场地开始。

阻止单个成人、老人或无子女的成年人进入游乐场，实际上是在限制游乐场成为社区中心的可能性（更阻止了更多资金投入的可能性）。我们正在摧毁游乐场地的发展机会，使之不可能成为人们反复造访、闲逛、社交并获得社群感的"第三空间"或"第三地点"。[33] 社群不仅仅意味着一年相聚几次，它意味着了解你的邻居并经常见到他们。

社会学家埃里克·克里南伯格（Eric Klinenberg）的研究结果表明，社会资本的形成不仅仅是一种友好的或甜蜜的友谊观念。自然灾害发生时，共享空间和互相关注、互相帮助的意识有利于人生存下来。1995 年 7 月，热浪席卷芝加哥，克里南伯格研究了这些非正式组织在这场热浪造成的死亡事故中发挥的作用。通过比较芝加哥两个贫穷、犯罪率很高的地区，克里南伯格发现，老年人若生活在社交基础设施完备的社区里，生存下来的可能性更大。[34] 我们必须去思考开放的游乐场地如何促进这种人际基础的构建。

地垫

美国绝大多数游乐场地的第三个特征是具备一个平坦的、现浇的橡胶地面覆盖物，被称为"整体式覆盖物"，在英国的说法更口语化，被称作"地垫"。这个无处不在的覆盖物加深了人们对游乐场是无风险的且干净的这一印象。地垫造价昂贵，能导致游乐场建造费用翻番，却未对儿童活动有何拓展，孩子们不能移动它、改造它或者重新配置它。

游乐场的地垫最初是为了保护儿童而使用的。事实上，现代的铺面处理比游乐场地曾使用的沥青、混凝土安全得多。对儿童的最大威胁——头部受伤，自 20 世纪 70 年代末起便极少出现，这是一项重大成就。现在的问题是如何在维持当前保护水平的同时增加多样性并降低成本。[35]

目前，安全地垫被认为是理所当然的。与围栏不同的是，橡胶地垫是一种"基于信赖，也基于分析"[36] 而被选择的元素。如今，大多数摔跤和受伤对上肢影响较大。英国米德尔塞克斯大学（Middlesex University）决策分析与风险管理中心的戴维·鲍尔（David Ball）认为，地垫并没有防止上肢受伤的任何作用。[37] 消费品安全委员会承认没有任何可防止上肢受伤的地垫，他们也同意使用几种松散的填充物作为选择，包括木屑或木质的覆盖物、豌豆石、沙子或轮胎碎块。用这些都能制作出不同的铺面，可抵挡冲力。但它们确实需要维修及再填充。[38]

沙子经过仔细挑选后，最有可能成为供儿童玩耍、能避免严重的头部外伤和四肢骨折又造价低廉的铺面。景观设计师、游乐场安全专家戴维·斯皮思（David Spease）做测试后发现，沙子可能是一种比原先想象的更具缓冲性的物质。看到消费品安全委员会的指南将允许跳入沙坑的高度从 5 英尺（约 1.52 米）降低到了 4 英尺（约 1.22 米）后，斯皮思测试了一种确保安全的特定的混合物——青石砂。它"含有石灰石和贝壳，经常用于水族馆。它的边缘是圆弧形的，不像你常见到的其他碎石那样很尖锐，且大部分石粒的大小是相同的。它有点像非常非常小的豌豆石"。斯皮思发现它可以缓冲从 10 英尺（约 3 米）处落下的冲击力。这样便有可能将玩耍的区域建在更高的地方，而缓冲面的选择也多了一种。[39] 美国游乐场若允许从 10 英尺处跳入沙坑，就会与德国游乐场现在的情况一样。德国坚持了这一标准，并未导致严重后果。[40]

沙子和泥土的缺席使美国游乐场地成了内容贫乏的场所。许多美国城市选择不使用沙子或水，因为它们"威胁健康"——这大概指的是可能会出现遗弃的注射针或猫的粪便。这样的恐惧也有可能主导政策的走向。令人惊讶的是，澳大利亚（其文化与美国文化并无巨大差异）的一项研究表明，公共沙坑中出现隐藏的针头或注射器的概率非常低[41]，这个概率造成的威胁可谓"城市奇闻"。猫的粪便也许没那么少见，但我们有简单的办法来防止沙子威胁人体健康。日本人不会受动物粪便威胁，原因只不过是最后一个离开公园的人遮盖好了沙坑。[42] 我们应使用同样简单的方法来保护更大面积的沙坑。

没有沙土的游乐场地变得如此普遍，以至于许多孩子一想到在泥泞中玩耍并弄脏自己，就不寒而栗。2012 年纽约布朗克斯（Bronx）举办了一次成人泥地障碍赛，活动最后给儿童设置了一段比赛。组织者邀请孩子们进入泥坑，有些孩子拒绝参与，播音员告诉他们不要"害怕弄脏自己"。孩子们的想法占了上风，参与的儿童很少，而且"像蜻蜓点水似的讲究地玩"[43]。他们很可能是受了父母的训导，因为父母希望从幼儿园或公园接回的是干干净净的孩子。相比起来，在挪威，如果孩子在一天结束时身上过于洁净，大人才会担心；在日本，至少有 5 个幼儿园将泥地游戏作为日常课程的核心。[44]

美国人对泥土的厌恶可能产生更严重的后果，不仅仅是影响其娱乐方式。免疫寄生虫学博士玛丽·吕布什（Mary Ruebush）曾发现她的一个孩子在爬出她的视线范围后啃食马粪。她在自己的《为何泥土有益》（Why Dirt Is Good）中直面了泥土的重要性。她中肯地说，小孩子把东西放进嘴里是因为他们的身体需要刺激其免疫系统，而产生刺激需不断地接触"泥土"。吕布什把泥土定义为充满细菌的任何东西或任何地方，而不仅仅是土壤。如果儿童在很小的时候就开始接触泥土，将会促进免疫反应，儿童的身体在攻击细菌时会"变得更好、更快、更有针对性"。[45] 吕布什称，儿童需不断接触泥土及反复训练免疫能力，才能保持身体健康。[46]

乔尔·V. 温斯托克（Joel V.Weinstock）博士（就职于塔夫茨医学中心）和戴维·埃利奥特（David Elliott）博士（就职于爱荷华大学）就蠕虫类生物——寄生虫的有用性方面提出了同样令人信服的讯息："肠道蠕虫在发达国家几乎已经被消灭了。"这些蠕虫极少引发疾病，实际上，它们能刺激产生良好的免疫反应。[47] 温斯托克认为："应该允许儿童赤脚踏入泥土中，在泥土中玩耍，而且进食前不必洗手。"[48] 一位明尼苏达州的参议员提出一项法案，要求须每天清洁游戏场中"儿童会接触的所有表面"[49]，温斯托克和吕布什提供的论点使之成为无稽之谈。

家长

家长们过去常在游乐场地外旁观，现在他们在场地的正面、中央，经常徘徊在年幼（或不那么年幼）的孩子身边，他们观察着小孩的每一个举动，在游乐设施上，经常可以看到他们尾随着孩子。安妮特·拉罗（Annette Lareau）在她的《不平等的童年》（Unequal Childhoods）一书中记载了教养子女时的阶级差异，但这些差异并未出现在游乐场上父母的行为中。家庭规模缩小，能帮助父母照管弟弟妹妹的哥哥姐姐人数减少，更加剧了这种状况。[50] 家长参与到以前从未参加过的活动中，这种现象日益普遍。在挪威和荷兰，一小部分家长时刻黏着他们的孩子；日本甚至出现了"怪物家长"一词。这样的变化在这些国家新奇而突出，且较罕见。[51]

但这种现象在美国和英国尤为明显。一个极端的例子是一个在英国的游乐场所。这是一个配备员工，并仅供儿童游乐的场地。游乐场的领导说，"有几位家长擅自进入场内，寻衅滋事，干扰职工工作"并（肆无忌惮地）"管教别人的孩子"[52]。这时，游乐场所的员工要求这些家长离开。这些人显然未尊重游乐场所的使用规则及界限，他们觉得应该对自己孩子的乃至邻居孩子的活动拥有发言权。

一些家长可能觉得他们必须把游戏提升为一种训练，并且与学业成就同等重要。他们用一系列的命令来安排孩子的游戏，这样玩耍就不是"浪费时间"了。有些父母从孩子很小的时候便注重学习成绩，孩子 3 岁便送去参加"钻研出高分"的学前培训班，他们通常不会意识到他们的孩子将来有可能失去主动性或是不守规矩。[53]

还有一些其他原因导致家长徘徊在孩子身边或过度参与儿童的游戏。一位教育工作者认为，威廉·西尔斯和玛莎·西尔斯（William and Martha Sears）提倡的、以约翰·鲍尔比（John Bowlby）的早期著作为基础的亲密育儿法，已步入歧途。[54] 解读当代亲子关系时，社会学家巴里·格拉斯纳（Barry Glassner）、历史学家史蒂文·明茨以及朱迪思·沃纳［Judith Warner，著有《完美的疯狂：焦虑时代的为母之道》（*Perfect Madness: Motherhood in the Age of Anxiety*）］的看法一致。他们都发现，在这个社会里，父母们感到无法控制身边的事件，因此他们把精力集中在纠正孩子的行为和控制孩子上。家长过度管控自己的孩子，因为这是他们能够真正施展权威的最后一个领域。[55] 在经济衰退时期，这种育儿方式的退步更加难以避免，为确保（他们自认为的）孩子未来的成功，父母对孩子的管控无微不至。这三位学者都认为 20 世纪 70 年代是家长对风险和安全的态度产生转变的时期，其原因也许是经济停滞。[56]

父母徘徊在孩子身边与对陌生人的恐惧在同一时间出现，这个现象可能并不是巧合。1970 年国家电子伤害监测系统（于 1978 年重新设计）的成立可能进一步增加了父母的焦虑。系统使用期间，流行病学家一直坚持认为，这些数据（源于 100 家提供 24 小时急诊服务的医院进行的抽样检查）能够区分轻伤事件和重伤事件[57]，但并未清楚地传达给公众。这导致家长们认为事故越来越普遍，越来越严重。因此，对于那些未能接收对等信息的大人来说，对受伤而亡或被绑架致死的恐惧是非常强烈的。温迪·格罗尔尼克（Wendy Grolnick）是克拉克大学（Clark University）一位研究儿童发展的专家，她对父母教育子女进行了广泛的研究，形成了敏锐的评价意见。格罗尔尼克发现，父母自然而本能地试图保护他们的孩子，她最近的一项研究表明，当父母意识到自己的孩子受到威胁时，他们会变得更具攻击性和防护性。[58]

伤害

家长们看到每年美国公共游乐场地有 20 万人次受伤的数据时，他们自然会感到不安。这些数据未区分不同程度的受伤，例如手臂骨折、头骨裂开，而消费品安全委员会在报告游乐场所风险时将年龄范围定在 14 个月至 21 岁。令人疑惑的是为何年龄上限如此之高，毕竟大多数孩子在青春期到来前便已不再光顾游乐场地，甚至连游乐设施也限定了适用人群必须在 12 岁以下。我们还应考虑到 20 万人次受伤中的一个特别的情况：只有 4% 的人因此住院。为更好地认知这个数据，我们需要知道，每年有 10 万名 5 岁以下的儿童在摔下楼梯台阶后需送急诊室[59]，由此可以看到，在楼梯上受伤的概率比在游乐场的高得多，因为在楼梯上受伤（5 岁以下）的数据由离散样本得来，而游乐场所的数据则广泛得多。

在美国和欧洲，在公共游乐场地死亡的概率令人瞩目的（并谢天谢地的）非常之低。[60] 在欧洲，死亡人数非常少，以至于游乐场地不被列作导致死亡的普遍原因。一位研究人员认为，家庭游乐设施导致了大多数死亡事件的发生。[61] 在美国，每年有 1.2 万名儿童（0～19 岁）死于各种伤害。[62] 消费品安全委员会的最新数据涵盖了 2001 年至 2009 年间因游乐场设施死亡的情况，在此 8 年间，有 40 例死亡事件[63]，死者平均年龄为 4 岁。我们不应轻视任何发生在游乐场上的死亡悲剧，也需仔细思量这些悲剧为何发生。其中 27 人因悬吊或窒息而亡（均未被视作蓄意所为），大多数是由"副产品"引起的，比如绳子、拴狗的皮带或跳绳，其中两种与服饰有关。如今在儿童外穿的上衣上加入抽绳已被消费品安全委员会 2011 年的一项裁决（16 CFR 1120）所禁止，但抽绳衣物可能仍在正被使用的二手衣物中存在。其余 13 人死亡的原因有：因摔倒而头部或颈部受伤（7 人）；设施故障（1 人）；秋千倾覆（2 人）；跌落（2 人，其中一人无明显外伤）；与一名 21 岁青年驾驶的一辆全地形车相撞（1 人）。

恰恰相反，过度保护不一定能消除危险。[64]无论父母是站在孩子旁边还是在附近喝咖啡，轻微到中度的伤害依旧会发生。2000 年，哈佛医学院的一项研究调查了游乐场地受伤情况，发现大人在场也未能避免受伤。[65]事实上，美国父母无意中扰乱了一些本来能阻止儿童去往他们不该去的地方的设计元素。景观设计师保罗·弗里德伯格（Paul Friedberg）指出，设计一个高出地面的阶梯或台阶曾经是让小孩子远离大孩子专用设施的有效方法。[66]然而，现在我们看到家长会把小孩子抱上高高的阶梯，或是把小孩抱在怀里一起从螺旋滑梯滑下，孩子摔倒，或家长被卡在转弯处、孩子的腿或胳膊骨折了。[67]当这些情况发生时，孩子的家人很有可能投诉或直接起诉，很快这些设施将因"不安全"而被拆除。

第二次世界大战后的英国游乐场地改革家赫特伍德的艾伦夫人的话似乎很贴切："宁愿冒断腿的危险，也不愿冒精神涣散的危险。腿总是可以恢复好的，但精神却不会。"[68]在不轻视伤害的情况下，父母应牢记，手臂骨折通常是游乐场地可能造成的最严重伤害。四肢骨折时，儿童恢复较快，骨折常需固定，但不需手术。这种伤害比成年人所受的类似伤害要轻得多。[69]由于美国人对医疗服务的认知，许多父母可能会反对艾伦夫人的看法。传统观点认为，医疗补助线以下的儿童无法获得免费医疗，事实上，他们（通常是超过贫困阈值 2～3 倍的儿童）可通过医疗补助计划或儿童帮助计划（CHP）接受治疗。[70]《平价医疗法案》（Affordable Care Act）可弥补中产阶级家庭投保不足的问题。欧洲、英国、日本实行全民公共医疗，这类问题在这些国家并不存在。

游乐场地的发展为何变得一团糟？

我们花了很多时间讨论如何创建"场地"——一个因地制宜、具有特点的地方，然而我们的游乐场地却是大同小异的。敏锐的观察家尼古拉斯·戴（Nicholas Day）总结了这种现象："如今走在儿童游乐场内就像驶出州际公路一样。不管你在哪里，总能看到同样的东西。"[71]我们必须思考，这是一个新的现象还是原有的情况变得更突出了。也有可能是二者兼有，游乐场地的设计发展史是从 19 世纪末的整齐划一，到 20 世纪中叶由灵感迸发的艺术家主导的设计，再到过去 30 年间的衰落。

20 世纪初，一大批新移民登陆美国海岸，有一些努力改善、协调移民生活的改革者，他们是将游乐场所变成公共场地的先驱。作为政府保护、培养其最年轻公民的标志性场地，改革初期的游乐场具备多方面的功能。在 20 世纪的前几十年里，人们期待游乐场地可以保护儿童免受街头的危害，让他们有锻炼身体的机会，促进移民的文化适应；或是提供一个独特的地方，让孩子们可以像约翰·杜威（John Dewey）说的一样"做他们自己的事情"。改革时期的游乐场地满怀雄心，远远超越了我们自己对游戏空间的认知。那时的游乐场地常有一个带淋浴和卫生间的户外更衣室、一个图书馆或牙科诊所或两者都有，还有运动场和跑道，以及梯子、滑梯组成的我们通常认为的"装置"。[72] 在我们当代人眼里，这种金属的攀登设施看起来既易损坏又高得令人眩晕。成年人和儿童都可以使用这种装置。[73] 有迹象表明，20 世纪前十几年间，儿童为寻求"刺激和冒险"而不再去改革时期建造的游乐场所，因为这些游乐场是按性别和年龄来划分场地的。[74]

以儿童为中心的公共游乐空间是在改革时期后期、移民已习惯美国的生活方式时出现的。游乐场地设施，特别是给儿童使用的，从 20 世纪 30 年代开始便存在了。这些设施通常是普通的单个秋千、滑梯或跷跷板，大部分由金属制成。也有一些奇妙的主题游乐设施，但其基本形式通常还是秋千或滑梯，或偶尔换成儿童人力驱动的旋转木马。

由建筑师、景观设计师或雕塑家设计的创意游乐场是第二次世界大战后的典型。工作人员和游乐项目仍然是让儿童玩得开心的关键。乐观主义、经济增长、休闲时间的增加以及生育高峰期大批孩子的降生改变了美国社会，也鼓励了对公共娱乐的投资。在这段时期，教育工作者们在寻找"可以激发创意思维的开放式物件"。[75] 他们发现，生育高峰期降生的孩子正在成为小学生，他们需要有机会锻炼创造性思维。20 世纪五六十年代，美国艺术家用抽象意境来表达并以此引领了世界，当时美国人普遍认为在冷战时期，创造力是一种民主的理想典范，艺术家们也认为自己的观点与之相吻合。[76]

1953 年，纽约现代艺术博物馆（MoMA）、《父母世界》（Parents）杂志（1926 年由对抚养孩子感兴趣的心理学家创办）[77] 以及玩具、游乐场供应商——创意玩具公司赞助了一场别开生面的游乐场竞赛。创意玩具公司承诺将获奖作品投入生产，这些作品表明了艺术家可设计出有趣又富有美学价值的游乐设施。在其中一个获奖作品里，孩子们在一个抽象的游戏房里玩耍，地面铺满沙子，爬过裸露的单杠可到达屋顶。另一项获奖作品中带有缓坡，可供跑步、跳跃，以及快速通过隧道。现代艺术博物馆、《父母世界》以及创意玩具公司共同举办的这次类似冒险的活动可能是 20 世纪中叶对创意游戏的推动作用最大、最广为人知的典范，它甚至使许多其他的建筑师、雕塑家相形见绌，他们因而很快就设计出了不同寻常的游乐场景。他们的努力提高了社会对儿童活动场所的认可；孩子们必须做出相对明智的选择来保证自己的安全。同时，大人也认可了孩子能独立迎接挑战，父母也能包容一定的风险。

纽约现代艺术博物馆的展览使得公众开始关注艺术家及游乐场设计。由建筑师路易斯·康（Louis Kahn）和雕塑家野口勇于 1961 年开始创作的游乐场进一步巩固了游乐场设计的多方合作理念。[78] 两人共同为纽约市创造了一处前所未见的游乐空间。艺术投资人奥德丽·赫斯（Audrey Hess）早些时候曾聘用野口勇来设计联合国大楼附近的一个游乐场地（未建成），是她促成了两人的合作。赫斯希望用该游乐场来纪念自己的姑母阿黛尔·R. 利维（Adele R.Levy），一位著名的艺术投资人。她反常理而行，委托了一个较小规模的建筑师和更大规模的雕塑家，从而确保了河滨公园遗址上的游乐场具有非同寻常的设计。

两位艺术家的方案主要使用了混凝土，这种材料贯穿公园阶梯式下沉的三层，但不会被沿河道公路开车的任何人看出来。若干斜坡串联了整个游乐场，场内设置了路堤滑坡、一个圆形剧场、截断的金字塔和抽象的混凝土艺术品。在该游乐场规划中，设施与混凝土表面相啮合，地形成了永久的硬质景观，该规划因此而闻名遐迩（图 1.2）。但它也因负面反应而受到非议，附近居民认为这个方案过于吸引其他社区的人。该方案从未被投入建设（很大程度是由于附近居民的反对），它的环境设计却让年轻设计师铭记于心。

20 世纪 60 年代末，建筑师理查德·达特纳（Richard Dattner）和景观设计师 M. 保罗·弗里德贝格（M.Paul Friedberg）各自重新思考了路易斯·康、野口勇关于整体环境的理念。两人都认为，纽约市的游乐场里常散布着孤零零的、大部分由金属制成的秋千、滑梯和跷跷板，其中许多是罗伯特·摩西（Robert Moses）担任公园管理专员（1934—1960 年）时期遗留下来的，而这些设施限制了孩子们的行为。两人设计的游乐场地都或横向或纵向地链接着儿童的活动，这样在每个场地中都有游戏可

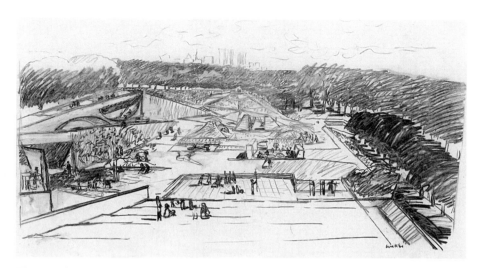

图 1.2　路易斯·I. 康为纽约市阿黛尔·R. 利维游乐场地绘制的草图（约 1966 年绘制）。路易斯·康与雕塑家野口勇共同设计了这个未能建造的游乐场（本图由路易斯·I. 康藏品协会、宾夕法尼亚大学和宾夕法尼亚历史博物馆委员会提供）

进行。他们敏锐而富有艺术性的成果表明，孩子们可接受体能上的挑战，并在适当的情况下进行复杂的游戏。

　　他们的设计是各种元素的复杂组合，这表明了两人相信孩子们能做出正确的判断，或者至少能承担有限的风险并从错误中吸取教训。弗里德贝格和达特纳设计游乐场地时都采用中性颜色和本色。他们的许多设计同时使用了石堆和木框架。对在金属设施中成长的年轻一代来说，木头和石头是新鲜事物。这些游戏区域坐落在沙堆上，沙堆也成了造价低廉的安全铺面和供玩耍的好地方。

　　达特纳作品的一个杰出案例是中央公园的冒险乐园（1966 年建成）（图 1.3）。他郑重地引用了路易斯·康与野口勇设计的游乐场作为他的灵感来源（正如阿姆斯特丹的 Carve 一样，Carve 设计的位于海牙比利假日公园的游乐场地也将之作为灵感来源，见图 0.2）。达特纳的冒险乐园的方案从一开始就进行了调整，它仍然展示了孩子们是如何爬上石头制成的金字塔，进入树屋，躲进一系列隧道中，或在水道里玩耍。低矮的混凝土蛇形墙仍然特别受欢迎，因为它以迷人的方式环绕着游戏空间，同时提供了一个有趣的构筑物供攀登、跑步或练习平衡能力。[79]

　　达特纳和弗里德贝格不仅受到了路易斯·康、野口勇的影响，两位年轻人还崇拜并见过赫特伍德的艾伦夫人。艾伦夫人后来在 1968 年出版

图1.3 理查德·达特纳设计的冒险乐园，位于纽约市中央公园，1966 年建成（1997年翻新）。蜿蜒的蛇形墙既是供攀爬的表面，也是分层座位的靠背。左侧被切去顶端的石制金字塔可供攀登，在游乐场地初次开放时还用来存放"活动组件"（作者摄于2009 年）

的《为玩耍而规划》（*Planning for Play*）一书中发表了他们的作品，以回报他们的崇拜之情。艾伦夫人看到伦敦的孩子们可以在德国闪电战后留下的废墟中玩耍，她又熟悉 C. Th. 索伦森（C. Th. Sørensen）于战争期间在丹麦利用废弃的房屋和建筑废墟而创作的游乐场地，便致力于向英国推介冒险游戏。她非常成功，有许多冒险游乐场地出现。在这些游乐场地中，在工作人员警惕但不干涉的注视下，儿童可使用工具和"废弃物"来创造他们自己的游乐环境。1960 年，伦敦诺丁山冒险游乐园开业后不久，新西兰人多恩·巴克（Donne Buck）便开始在那里工作，他雄辩地总结了这种游乐场的影响："那些因年龄、残疾、宗教、种族、贫穷、社会冲突等原因在生活中被限制的儿童可从学龄前就开始一起去冒险游乐场，在众多人中找到属于自己的位置，这是他们在其他任何地方都无法获得的。"[80] 游乐场工作人员有时会建造半永久的高塔，以扩大游戏空间，将大孩子、难约束的孩子的玩耍区域与小孩子的区分开。多恩·巴克记得自己建造过一座 15 英尺（约 4.57 米）高的三角形高塔。这种策略可使一些难约束的青少年重新集中精力。[81] 巴克传达的重要信息是，大孩子没有被驱逐，而是被赋予了更有趣的空间供他们掌控。

游乐场上可塑的"活动组件"这一想法源于其"设备"——剩余的木材、家用材料、垃圾——这些材料都是可迅速获取的。[82] 不出所料，达特纳和弗里德贝格找到了将活动组件纳入其设计的方法。达特纳还特地在中央公园他自己设计的冒险乐园（此名称效仿了欧洲的案例）中加入了可相互联结的垂直建筑组件，并在石头金字塔内为它们设计了储存空间。达特纳为创造活力的自由游戏奠定了基础。弗里德贝格认为，城市游乐场地应该成为代际活动的场所之一，他找到了一种方法来重现儿童在农村大自然中可能经历的不可预知的情境。20 世纪 60 年代他的革命性的作品——纽约市房屋管理局的里斯住宅（Riis Houses，Pomerance & Breines 建筑公司承建，1949 年建成）的整个建筑群经他改造而大变样，那是对早期传统的改变并以最新的抽象概念理解早期传统——为城市公众呈现再造的自然。纽约的中央公园和旧金山的金门公园率先体现了这种理念。英国的冒险游乐场也有"景观山丘"以及供挖掘土壤、种植花园的绿地。[83]

尽管达特纳和弗里德贝格设计的游乐场地比起英国或斯堪的纳维亚粗糙、凌乱的冒险游乐场地看起来更精致，但他们领悟到了这些游乐场地的精神。弗里德贝格和达特纳自给自足的游乐场地给予了孩子们发展独立意识的机会，不管他们是独自前来还是和保姆一起，主角都是儿童，大人居于幕后。大人拥有自己的社交网络，孩子们也有。但凡认为达特纳和弗里德贝格对冒险游戏的看法过于浪漫的，都应该看看迈克尔·艾普特（Michael Apted）的《人生七年》（Seven Up）系列中的第一部。艾普特于 1964 年开始采访来自不同背景的 7 岁儿童[84]，他每隔 7 年回访同一个人，并在每次采访后发布最新纪录片。在第一部纪录片的末尾，他将有着精英、高等教育背景的孩子和成长环境并不优越的孩子聚集在一起，让他们在伦敦碰面。孩子们在派对上相识，也一起在冒险乐园玩耍。制片人认为游乐场地是一个让不同的人能找到共同活动的地方。孩子们的表现证明游乐场地能促进体能锻炼、运动、搭建物体以及主动改变环境的意识，而这些理念在 20 年前的英国就出现了。

自 20 世纪 80 年代以来，美国游乐场地的设计明显进入了衰落期。1980 年还有报道称，传统设施太安全，儿童不再使用它们。[85] 令人沮丧的是，现在普遍存在的标准化设施，被称作"桩与底板"或"桩与平台"

的设施，仅维持了部件之间的联系，但过度简化了其他的关系，它们是达特纳和弗里德贝格设计作品的劣质版本。现在仅有少数公司生产美式游乐场地设施，其中大部分设施是雷同的。区别通常只在颜色上，从20世纪80年代可在金属上使用廉价的粉末涂料起，便意味着可能创造出奇怪的、可怕的颜色，这些奇怪的颜色进一步削弱了标准化设施的外观美感。社会对安全的普遍关注、国家安全标准的出台以及不断发生的起诉学校和政府的威胁事件，所有这些都促成了标准化设施的成功，使之在美国游乐场地中成为决定性因素。

游乐场地折射的是文化

游乐场地能折射出一个社会的价值观和态度。一家欧洲期刊的编辑区分了奉行"集体主义"的斯堪的纳维亚半岛（精神是互相支持、帮助）以及奉行"个人主义"的模式，即每个人都只维护自身（大概还有避免自己被起诉的可能）。区分集体主义社会与个人主义社会确实有助于理解为什么在斯堪的纳维亚半岛或北欧存在许多顶级游乐场地（这些案例将在后续章节中出现）。从更广泛的角度来说，"集体主义反应"具有深厚社会基础，使得人们从大局出发进行思考；"个人主义反应"注重自我保护，不承担风险，具有"过剩安全感"（超过合理范围的安全意识）。[86]北欧人强调在游乐场上练习生活技能和社交技能。集体主义观点认为这些技能必不可少，而公共空间为人们进行社交活动提供了场所。因此，北欧国家更注重培养孩子在公共场所的经验，直到孩子年满7岁才开始学校教育。[87]相比之下，英语国家尤其是美国和澳大利亚，一直以来都注重个人主义，其早期教育模式重视内容和测试胜过社会化或相互理解。人们对把游戏和游乐场地纳入儿童生活综合体验的关注很有限。

集体主义思想与个人主义思想的分歧不仅体现在教育问题上，还延伸到了公共责任感。例如，瑞典强调，所有公民要对所有孩子负责。[88]这种集体主义观点让家长放心，因为总有大人在看着他们的孩子，同时也让儿童安心，因为他们知道有人看着他们不去做危险的事。在这样一个相互信任的氛围中，父母觉得可以鼓励孩子自力更生。某期刊的编辑以一个问句做总结："孩子的主流形象应该是赢弱的还是有能力的？"[89]孩子需要的是被保护还是自我独立？

美国人的思维与集体主义思想截然不同。然而讽刺的是，我们的个人主义可能滋生了依赖性。社会学家克劳德·S. 费舍尔（Claude S. Fischer）将"自愿主义"框架视为"美国文化、美国性格的突出特征"。费舍尔把"自愿主义"定义为一种信念和行为，"好像大家都是具有主权的个人：独特、独立、自立、自我管理，以及最重要的，自我负责"[90]。他总结道，美国的个人主义是"与强烈的、自愿达成契约的团体意识相结合"的，由此必须在为团体利益而不懈努力和个人独立之间找到平衡。[91]费舍尔认为，自立、自我负责具有保护性，我们对国家机构有着强烈但不一定是牢不可破的忠诚意识，我们最典型的本能是自立。历史学家保拉·法斯（Paula Fass）称之为"责任私有化"[92]。这种忠于对自我的保护有助于理解为何我们多年来一直在讨论国家医疗保险，而欧洲国家却长期实行全民医保。对我们来说，医疗保健是一种赋权、一种礼物；对欧洲人来说，它是一种减少公共健康威胁来维持社会运转的方法。

不同国家的游乐场地安全标准中有不同的侧重点，其中的差异显而易见。对比 2008 年欧洲游乐场地设施自愿性标准和同年美国消费品安全委员会的标准时，我们会发现，欧洲人接受风险并认识到了受伤的可能性，而美国人试图掌控所有易受伤的因素。欧洲人赋予孩子自由，而我们承诺给孩子全面的人身保护。在这两种情况下，这两种标准在其各自的施行范围中都须适应广泛的地域差异和文化差异。欧洲标准中提到：

> 考虑到儿童玩耍的特点以及儿童在游乐场地上玩耍如何能对其成长有益，儿童需学习如何应对风险，因为风险因素可能导致红肿和擦伤，甚至偶尔会导致手臂骨折。本标准的目的首先在于预防致残事故或有致命后果的事故，其次是减轻偶然事故造成的严重后果，这些事故是儿童追求提升自身的社交能力、智力水平或身体素质的过程中不可避免的。[93]

美国消费品安全委员会在指南的开篇将所有负面后果汇总在一起，并承诺将减少这些负面结果："近年来，据估计，全国每年有超过 20 万人次在公共游乐场地上受伤，并需要送往急诊室治疗。若遵循本手册中建议的指导方针，你和你的社区能为所有儿童创造一个更安全的游乐场环境，并有助于减少游乐场带来的死亡和伤害。"[94]

日本也有一些顶级游乐场，且日本也奉行"集体主义"精神。[95]日语中"Uchi"（家）的概念始于家庭，扩展到学校，并扩散到整个日本

（或所有日本人）。孩子们开始上学后，他们互相平等，并组成了一个新"Uchi"，他们之间要彼此合作。学校由此将氏族或家庭的"茧"扩大成一个更广泛、更多样的帮扶系统。共同责任指的是相互帮助、相互信任、关心比自己年幼的人。这种态度与创造和谐、稳定社会的目标相符。因此，3岁的孩子（如果不住在繁忙的街道旁）经常会自己在家外面玩耍，即使是幼儿园的孩子也要去一个固定地点，与其他孩子碰面，一起去上课。在东京（尽管是个特别安全的城市），一年级课程中有一项是要求学生学习独自上学，行程中可能会穿越街道或乘坐地铁、公交。[96] 在城市中人口密度较小的区域，在没有人行道的地方，有进一步的证据表明日本是如何和谐地构建一个文明社会的：孩子们学会注意汽车，汽车小心避让行人，各群体互相尊重，学会在共享空间中穿梭。[97]

我们不能改变自己的文化，但接受我们的民族性格并不意味着允许我们容忍平庸的公共空间或孤立的儿童场所，这些地方极其无聊又浪费财力。如果我们知道有哪些可能的努力方向，并学习其他国家如何利用公共场所来帮助儿童成长，也许我们就能提出合理要求去建造更成功的游乐场，尤其是在城市里。了解其他社会正采用的模式对我们有助推作用，也许我们可以试着克服根深蒂固的本能，沿用有效的工作态度，效仿他们设计的产品。

第 **2** 章　风险与独立性

风险、失败、征服三位一体，它们相互联系。本章主要关注承担风险在儿童发展中的作用，其中涉及的项目具有示范性，目的是推广这些特色。下一章将继续这个主题，考察一些场地，这些场地在鼓励儿童遇到困难或遭遇失败后掌控一个特定的情境方面颇有成效。综上所述，这两个章节指明了风险与独立、失败与成功的范畴。

风险的定义

主动承担风险这件事让人很难接受，尤其是在美国。在政府机构看来，冒险意味着可能被提起诉讼；对于父母来说，这激发了他们对孩子福祉的深切关注。美国的文化是不遗余力地避免风险，因此接受风险这个概念本身就被看作是有问题的。当我们思考什么是冒险时，联想到的画面是儿童在无保护措施的屋顶上行走，或追着球到了繁忙的街道上。这些活动应是危险行为，而不是风险。我们需了解风险和危险的不同点。风险是指后果不明确的情况，一切都不可预见。[1] 做选择可能也是在承担风险。[2] 而危险，是不可接受的，其后果也不明确，但具有危及性命的可能性。[3] 风险意味着接受轻伤的可能性，这是每个人童年的宝贵经历。

英国皇家精神病学院前院长迈克·舒特（Mike Shooter）写道："儿童、青少年在探索物质世界和情感关系时必然需要承担风险。父母若过度保护孩子，对孩子造成的伤害可能会与忽视孩子一样严重，有些孩子因远离各种风险情况，没有家人家庭庇护时可能无法应对风险；其他孩子可能会以危险的方式反抗父母为他们编织的'安全网'。换言之，适度的风险有助于成长。"[4] 舒特提供的信息证实了艾伦夫人近半个世纪前得出的结论："允许孩子冒险通常很困难，但过分干涉会阻碍他们的成长。"[5]

令人欣喜的是（尤其对家长来说是个好消息），风险并不像我们想象得那么可怕。埃伦·贝亚特·汉森·桑德塞特（Ellen Beate Hansen Sandseter）在挪威特隆赫姆（Trondheim）的毛德皇后大学（Queen Maud University）儿童早期教育学院教授心理学，她是研究风险的著名学者。[6] 广义上，她把风险游戏（通常在户外进行）定义为"可能导致受伤的、令人兴奋激动的游戏形式。"[7] 因为"受伤事件多，但受伤的孩子在总数中只占到了较小比例"[8]，所以儿童免于受伤的概率很高。她认为风险游戏的特点是速度很快、爬上高处、消失在人们视野中或走丢、使用可能有危险的工具、在危险区域附近玩耍以及打闹[9]（参见本书第 6 章，获取更多关于打闹的信息）。

这些诱发风险的因素中，是不能预先知道后果的。但当我们发现它们可能只是跑下陡坡、飞速骑车、从高处跳下、从高处快速滑下或躲藏时，对成年人来说，这些就不那么可怕了。有些家长可能不太乐意承认还有一些活动也属于这个范畴：秋千（尤其是如果涉及在飞荡途中跳下）、在距离地面 6～9 英尺（约 1.8～2.7 米）高的地方玩耍、站在火坑里或靠近火坑、用刀子削皮，或用锤子、钉子或锯子制作东西。[10] 正如桑德塞特指出的，孩子们会在真正可怕的活动与只是有点吓人的活动之间进行权衡[11]，当他们找到其中的平衡时，会通过大笑、喊叫、微笑、尖叫和大喊来表达喜悦。[12] 这种并非单一路径或可预知结果的经历是一件令人快乐的事。

桑德塞特和她的一位同事推测（他们的工作尚处于初步调查阶段），冒险可能是进化的必要条件。他们认为非常年幼的孩子有真正的恐惧，这些恐惧是"生物武器"，能阻止他们尝试那些他们还没有能力完成的事情。但是如果孩子们有机会逐渐克服这些恐惧（比如水、黑暗、高度），他们最终将在适当年龄学会一些技能。承担风险有助于人的成长。远离了有益风险的儿童可能会面临随着年龄增长而不断增加的恐惧性神经症、病理性恐惧。焦虑的儿童若被过度保护，可能会变得更加焦虑，因为他们没有机会面对并控制自己的恐惧。[13]

神经科学家对这种情况的看法有些不同，他们认为儿童冒险可能有助于"测试边界，确定什么是安全的，什么是危险的"[14]。孩子们要适应周围的世界，就必须冒险，不断地经历风险。我们可以从愉快的大喊和尖叫中看出，他们觉得这是令人愉悦的。神经科学家还注意到"我们天生喜欢有利于我们生存的活动"[15]，因而从延续人类生存的角度来考察愉悦情绪。这变成了目的性很强的循环：我们通过冒险来测试自己尝试新事物的能力，而后我们从中找到快乐，继而我们去冒更多的风险，如此循环往复。另外，愉快的活动会增加多巴胺（引起奖励期望的神经传导物质）的分泌，减少应激激素的分泌。[16]

风险的评估与管理是其中涉及的另一个方面。[17]冒险经历成功的关键是能够将经验教训运用于未来的突发情况。[18]悉尼麦考瑞大学（Macquarie University）儿童早期发展研究所的海伦·利特尔（Helen Little）说："评估潜在危险的能力、规避过度风险是一项重要的生活技能，且这种技能在童年阶段会随着能力和知识在不同情境中的发展而不断变化。"[19]我们未能充分认可儿童的这种行为。科学家们发现，儿童感到非常恐惧时便会回避风险。[20]当正在做的事情让他们感到不舒服时，他们就会停止。[21]

承担风险、评估危险和管理潜在的后果不一定是僵化的。虽然人们永远无法接受死亡，但我们必须思考，试图消除美国游乐场地上所有的风险和伤害是否真的在为每个人着想。在全国普遍尽可能使游乐场地安全的趋势中，有少数几个市镇愿意不随波逐流，我们应称赞、鼓励它们。我们须放眼国外，看看设计师如何在不造成危险的情况下将风险因素融入游乐场的设计。我们可以从他们的案例中学到很多东西。

简单的解决方案：石头、工具、跷跷板

有时，朴素的设计可以带来最成功的冒险经历，甚至连蹒跚学步的孩子也可以参加自主的"风险管理练习"[22]。在新泽西州普林斯顿市，有一个宁静的、占地 17 英亩（约 6.9 公顷）的公园和植物园，这里看似不太可能进行冒险活动。马昆德公园（Marquand Park）距离新泽西州州长官邸仅几个街区，该公园毗邻街道的地方布满低矮的、分叉的木制篱笆。就职于普林斯顿大学艺术与考古学系的杰出艺术历史学家艾伦·马昆德（Alan Marquand）的后代，于 1953 年修建了这一片遍布稀有树木、道路宽阔的绿地，之后该市一直保持着公园的原貌。[23]

公园的沙坑（在许多游乐场地都是稀罕物）展示了如何将风险引入一个 2 岁儿童的世界中。这个圆形的坑相当大，没有围栏将之与公园的其他地方或附近的停车场隔离开。低矮的石头（2013 年略有变化）环绕着其外围，另外还有一块巨石坐落在沙坑的中央，对年幼的攀岩者来说是个挑战。这些石头呈现出质朴的美感，每一块都是马昆德的外孙女埃

图 2.1　新泽西州普林斯顿市马昆德公园内的沙坑（1980 年建成）。直到 2013 年初，其边缘还放置着粗糙的石头，其中一些石头已经被移除，用更光滑的石头代替，以便"更容易"进入沙坑（Robert S. Solomon 摄于 2013 年）

莉诺·福西斯（Elinor Forseyth）在附近的采石场亲手采集的。[24] 很明显，这些石头不是我们今天在商品目录中看到的"人造岩石"。这里的沙子里满是孩子们留下的坏玩具。这些玩具似乎表明孩子们会定期返回，或者来玩耍的儿童都需要"活动组件"，他们都有操控自己的环境的需求（图 2.1）。

　　任何人在那里待上一段时间，便能立刻明白这个沙坑的真正意义。学龄儿童在奔跑或从一个石头跳到另一个石头上。石头虽然都紧挨着，但仍需要良好的平衡和谨慎的判断。经常能看到学步儿童带着水桶和铲子来到这里。2010 年，有个 2 岁的小女孩（我们就叫她"玛吉"吧）手里拿着一套全新的桶和铲子来到这里。玛吉很兴奋，当她走到石堆处时停了下来，她快速地扫了一眼四周，一时不知该如何进入沙坑。之后她把桶和铲子扔进了沙坑里，解放双手后，她屈身沿石头滑下，进入了沙坑。这一过程令观者惊叹。这个小孩完成了一次判断，她意识到自己双手拿着东西，无法越过石头。她也认识到了有危险，她评测了风险并找出了解决办法。最后，她用推理和规划解决了这个一开始还令人畏惧的难题。桑德塞特所传达的观点——风险是正常的、必要的，不应从孩子的日常生活中剔除——在沙坑、石堆上体现了出来。[25] 如果当时是一个普通沙坑，或有人将她抱进了沙坑，玛吉肯定不会有这样难忘的经历。

令人振奋的是，普林斯顿在最近一次翻修哈里森（Harrison）街公园时将马昆德公园的沙坑作为其沙坑的原型。位于城镇另一区域的这次改造，经历了几个错误的启动方案和试验方案。最终，Edgewater 设计事务所创造了一个缩小版的马昆德公园沙坑。设计师们提倡建造一个用天然岩石围合而成的圆形沙坑。这一次使用的岩石来自一个建筑项目，当时新泽西州中部的伊斯兰学会正在附近的蒙茅斯章克申（Monmouth Junction）挖掘蓄水池，普林斯顿市政府顺利获得了挖掘出的岩石并将其重新利用。这种可持续的做法为该市节省了大量资金，运输、放置石头的成本不到 5000 美元。使用岩石的费用低廉，入门级别的 16 英尺 ×16 英尺（约 4.9 米 ×4.9 米）商业沙坑的施工前成本至少是 6000 美元。石头永远不会变坏，且可容纳许多儿童。

赞美一个不寻常的沙坑是一回事，鼓励父母让小孩子使用有潜在危险的尖锐工具可能是另外一回事。一想到他们的孩子使用锯子和刀，大多数美国家长都会颤栗不已。但在不采取特殊措施的情况下引入有风险的工具也是可行的。冒险游乐场（例如英国赫特伍德的艾伦夫人所倡导的游乐场地）长期以来让儿童有机会在玩耍时使用其他环境中可能被视为危险物品的设施。这些设施让儿童有机会使用刀子、锯和油漆来构建自己的游戏世界。

冒险游乐场在英国有着悠久历史，目前在日本也是风头正劲，而在美国却从未获得过强有力的支持。位于加利福尼亚州伯克利市的冒险乐园是美国唯一一个全年持续运营的冒险游乐场。它自 20 世纪 70 年代起对外开放，从未间断，且尚未出现过严重的伤害事件。[26] 这个游乐场只是看上去危险，而有危险的错觉对儿童很有吸引力。他们可以证明他们能评测工具，小心地使用它们，并创造出新奇的组合（图 2.2）。

伯克利冒险乐园的修建很偶然。1978 年，该市的滨江地带有一个创业园区，区内设有码头和餐馆，但游客并不多。听说冒险游乐场协会正在赞助一个研讨会，该市便委派了公园主管部门的一位年轻职员帕蒂·唐纳德（Patty Donald）参加。还有几个城市派出了代表，但只有伯克利坚持到了最后，很大程度上是因为政府决心要有所建树。研讨会上

图 2.2 加利福尼亚州伯克利市的冒险乐园。自 1979 年以来一直在运营，至今未造成任何伤及生命的受伤事件（作者摄于 2009 年）

概述的冒险游戏很有吸引力：人员配置和维护是唯一需持续承担的成本，材料、围墙等启动经费很少。没有什么是固定不变的：公园可持续不断地接收"废弃物"，如果儿童搭建的物体太大或停留时间过长，工作人员可拆除它们，儿童可在接下来的几年间重新搭建。

向社区宣传将原先的停车场改建为冒险乐园时，唐纳德及其助手运用了很聪明的办法。最初的几年里，他们承担交通费用，将儿童从当地娱乐中心送到游乐场。在伯克利长大的唐纳德向她认识的每一个人请求支援，她用一箱啤酒换来了多余的电话线杆，她说服承包商捐赠剩余的木材。渐渐地，她添加的工具和材料越来越多，最终把乐园变成了一个新奇的地方。她说，现在每年有 8 万多儿童来参观这个让他们"爱死了"的地方。

今天，伯克利冒险乐园提供的机会与开始运营时的一样，继续让幼儿使用工具（尤其是锯子）。孩子们也能使用锤子、钉子，但使用时会有人看管，指导他们正确使用危险工具，要求他们必须遵守明确的规则。儿童必须收集一定数量的生锈的钉子或尖锐的碎片来换取他们的工具。最近有人捐赠了旧钢琴、竖琴，孩子们须学会处理不寻常的物体。他们能尝试他们以前没有尝试过的事情，且无法预先确定结果。此外，此类活动还有促进社交的作用。当使用刀等危险工具时，孩子们彼此交谈，不断地说着正确使用这些工具很重要，并由此让自己消除恐惧。[27]

冒险乐园继续运行，但唐纳德发现，来到乐园的儿童中，越来越多的孩子还没有学会在不平坦的地面上行走，或是不知道如何上山或下山。她很难过但依然坚持，希望能帮助儿童适应并领略这个世界。有趣的是，真正的杠杆式跷跷板在美国游乐场地上像刀和锯一样很难找到，美国人丢弃了这种乐趣。但在冒险乐园，孩子们却从废弃的木头堆中找出木板和木头做成了跷跷板。因担心被起诉，供应商已经把跷跷板缩减到只是一根又长又细的人工木头，中央装着细细的弹簧，这样的跷跷板根本动不了。另一种设计是增加封闭式座位，以免儿童坠落。奇怪的是，美国消费品安全委员会的指南允许有更冒险的因素——一个成熟的、很高的、可能引起恐惧的模型。老式的跷跷板能给孩子带来刺激、恐惧的体验（你相信你的同伴不会把你甩出去吗？），也能符合联邦指南，前提是将半个轮胎插入地面作适当缓冲。

传统的跷跷板在美国很罕见，但在欧洲却很常见，它让青少年甚至更小的孩子体会到了承担风险的感觉（见图 c.3）。欧洲设计师毫不犹豫地创造自己眼中的跷跷板，通常是木制的，这样儿童能互相让对方升高甚至把对方甩出去。令人遗憾的是，美国人抛弃了这种造价低廉的方法，使得儿童无法体验容许范围内的风险。

捉迷藏

斯堪的纳维亚半岛有一句古话："没有寒冷的天气，只有衣着不适宜的孩子"，儿童户外设施广泛使用，且提倡全年开放。《挪威幼儿园教学内容与任务框架计划》（Norwegian Framework Plan for the Content and Task of Kindergartens）（挪威教育部，2006）强调户外游戏应作为儿童日常生活的中心要素。人们普遍认为，游戏（尤其是户外游戏）正是该框架计划的标题中提到的"内容"和"任务"，其基本观点是一切都是开放的，因而游戏、社交和经验探索将促进儿童的社交和认知发展。[28]儿童将"学会征服风险"。[29]这种设定强调社会合作、承前启后，维果斯基的理论在其中蓬勃发展。[30]

该框架计划是全面改革计划中的一部分，目的是在一个无人失业的国家为 0～6 岁儿童提供全面的、与私人的日托服务相结合的托儿服务。框架计划催生了许多新的幼儿园[31]，它们有机会以具有创意的方式来设计游乐场。

马里特·贾斯汀·海于根（Marit Justine Haugen）和丹·佐哈尔（Dan Zohar）是在奥斯陆工作的建筑师，就职于 Haugen/Zohar 建筑设计事务所。他们为 2～5 岁的儿童设计了一个游乐场附加物，对这些孩子来说，捉迷藏是户外冒险的魅力所在。该游乐场位于特隆赫姆市布雷达布利克（Breidablikk）幼儿园的操场上[32]，操场全天 24 小时开放，这样人们可以随时前往。这个 12 平方米的立方体是由未投入工业生产的废弃物制成的，更具体点讲主要是开孔 xp 泡沫（从汽车行业、鞋业回收），如果没有被重新利用，这些泡沫将被放置在垃圾填埋场或焚烧。建筑师将废碎片加热黏合在一起，压缩后用胶水把它们组成实心块，然后用喷水切割机在其内部切出空间。该立方体重 1.5 吨，结构稳定，而且能自动排水（图 2.3）。

他们建成了一个庄严的、令人印象深刻的立方体，实际上它演变成了一个"洞穴"。斑驳的外部颜色暗，却引人注目。建筑师"雕刻"了几个

图 2.3　位于挪威特隆赫姆市的布雷达布利克幼儿园，由 Haugen/Zohar 建筑设计事务所设计建造，2012 年建成。该项目获评《建筑评论》（*Architectural Review*）2011 年 AR+D 新兴建筑方案之一（作者摄于 2012 年）

突出的壁龛，供儿童放置他们找到的"宝贝"。场内可进行许多出人意料的活动。建筑师从挪威的天然洞穴中找到了灵感，创造了一个"供躲藏、攀登、探索、迷失，既神秘又吓人的空间"。[33] 孩子们（该立方体可容纳36个儿童和一个大人）可在狭小的入口处玩耍，有光线透过顶部的眼型窗照进来。在入口空间可见一条略有爬升的黑暗隧道。隧道封闭、阴森、光滑，冬季时还有些冰冷。孩子们可以互相帮助，一起爬上去、滑下来。如果他们能爬到更高的地方，便会来到一个小房间。还有一条通道通往更高的地方。针对那些想要到"顶峰"的孩子，设计师仔细琢磨了如何更好地为他们创造一系列宽敞和狭小的空间体验。灯光、阳光、黑暗都影响着最终效果。这些房间为儿童量身打造，孩子们必须与同龄人同行或独自进入。紧急情况发生时，教导员可以入内，但也很难进入，这使得该游乐场真正成为一个只有孩子可以"迷失"的地方。其空间隐秘、隔声效果好，导致家长来接走孩子时，里面的孩子听不见父母的呼唤（图2.4）。

图 2.4　由 Haugen/Zohar 建筑设计事务所设计建造的，挪威特隆赫姆市布雷达布利克幼儿园洞穴式游乐场的剖面图。2012 年建成。建筑师创造了一系列复杂的宽敞空间和狭小空间，供儿童在向最高处攀爬的过程中体验（Haugen/Zohar 建筑设计事务所供图）

这个"洞穴"展示出有些大人从内心信任孩子，相信他们在远离大人时能够谨慎行事，同时也表明美化环境是健康生活的组成部分。该游戏场将建筑与艺术结合起来，获得了 2011 年 AR+D 新兴建筑方案二等奖。它也可以被看作是一件艺术品。Haugen/Zohar 建筑设计事务所通过当地的"百分比艺术倡议"项目申请到了建造费用（在这个普通三明治加一杯咖啡可以卖到 30 美元的国家，项目建造费用相对较少，约 6 万美元）。该游乐场获奖也进一步证实，儿童户外活动空间能符合艺术作品的高追求，并有能力改善周边环境。

正如特隆赫姆市 2001—2012 年总体规划所述，"百分比艺术倡议"明确了艺术与丰富生活之间的联系："良好城市环境的先决条件主要是以人为本的艺术文化、建筑与基础设施。我们的难题是使艺术和文化在整个城市社会发展中发挥出整体作用。"因此，该市将财政预算的 1.25% 用于艺术项目，分配到每个场地的金额待定。项目主要为新幼儿园的建筑增添艺术元素，包括为日照时间短的冬季设计智能照明系统。[34] 艺术家在保证不复制他们为该项目提供的作品的基础上，将得到机会让艺术融入日常生活中。最重要的是，这个艺术项目证实了作为改善城市生活的一种途径——艺术可以用来支持儿童的活动（包括攀爬和捉迷藏），并通过建造独特的作品，凝聚认同感和归属感。

在东京，儿童可在浓雾中玩一种特别的捉迷藏。这也是一件艺术作品。迷雾森林（也称"朦胧森林"）由建筑师北川原温（Atsushi Kitaga-wara）和艺术家中谷芙二子（Fujiko Nakaya）合作设计而成。20 世纪 90 年代初二人受聘设计此项目，当时中谷从事雾雕创作已有 20 余年，而北川的建筑设计生涯刚刚起步。如今北川已享誉国际，除东京外，在柏林还设有一个办事处。迷雾森林位于东京市的一个国家公园——昭和纪念公园内。该公园原本是立川（Tachikawa）区的一个空军基地遗址，在国土地理院的支持下，变成了一个广阔的（400 余英亩）、丰富多样的公园。20 世纪 70 年代末，为庆祝昭和天皇统治 60 周年，便规划建造了该公园，并自 1983 年起分阶段开放。公园的儿童区有几个不同的场地，每一个场地都能作为一个独特的游乐场（图 2.5）。

迷雾森林不仅吸引着儿童，还吸引着成年人。浓雾每小时两次笼罩这个地方——一个很深的漏斗状人造方形湖。整个区域被能见度极低的大雾包围着，大气条件决定了雾形成的位置和持续时间。儿童可在四处随意走动，甚至在修剪整齐的草坪形成的半截小金字塔（"草坪山丘"）

图 2.5　东京昭和纪念公园的迷雾森林，由北川原温、中谷芙二子设计，1992 年建成（作者摄于 2006 年）

上跳跃，草坪山丘环绕着湖的四周，但分布不均匀。儿童可躲在山丘上，直到雾气散去。雾气消散后，所有人都聚集在空荡荡的湖边，不敢相信他们刚刚目睹的景象。他们参与见证了一个震撼的、转瞬即逝的景象——大雾笼罩着他们，然后消散了。游客似乎渴望它再次出现，也许是希望下一次能抓住这大雾。建筑师北川原温其实对围绕"雾湖"的围栏感到不满。他原本希望人们进入湖中，而现在的围栏破坏了他想为之创造的神秘感与风险性（即看不到任何东西的感觉）。[35]

　　对儿童来说，感到自己被隔离，甚至迷失，继而恢复视野，这有一种特别的乐趣。目前还不清楚儿童如何理解草坪山丘的重要性，这些草坪可供攀爬，让人联想到墓林。北川原温想唤起日本人对自然、对生死不断循环的崇敬之情。这种体验完全不同于美国城市游乐场地上时有出现的用于降温的喷雾。如今，日本的这个游乐场地已有 30 多年历史，继续为人们提供从日常周围人群中逃离和躲藏起来的场所。[36]

登高、快跑

BASE 景观设计事务所（BASE 源于法语 Bien Aménager Son Environ-nement，意为"创造一个超级环境"）是法国的一家景观设计公司。其高级合伙人弗兰克·普瓦里耶（Franck Poirier）、贝特朗·维格纳尔（Bertrand Vignal）和克莱门特·维勒曼（Clément Willemin）相识时，都还是凡尔赛国立风景园林学院的学生，他们于 2000 年从该校毕业。自合作时起，他们便决定只设计公共场所或用于非营利活动的场所。[37] 此后他们的团队壮大了，拥有 25 名景观设计师、建筑师和工程师，在法国巴黎、里昂和波尔多设有分公司。

游乐场地在他们的设计理念中占据中心地位。维勒曼阐明了其公司的观点："修建游乐场地是造福一个地区最好的方式，游乐场地提供了与众不同的东西，是居民可以引以为傲的、具有身份认同和资格认同感的载体。"[38] 巴黎市寻找设计师来重修贝尔维尔公园（Belleville Park，该市海拔第二高的公园）内的旧游乐场时，这一观点使得他们把握住了机会。

巴黎市在聘请规划设计公司前，进行了一年的调研，了解附近社区家长的期望。娱乐空间发展委员会作为巴黎市政府的代表发起了研讨会。除此之外，游乐空间发展委员会（CODEJ）要求家长对安全、想象力和风险等进行排名，同时要求 7 个参与竞赛的设计团队阐述他们公司的核心价值观。BASE 景观设计事务所的核心价值观与家长的完全一致：两者都把风险放在首位。该社区的家长大部分是来自阿拉伯语国家和中国的移民，他们要求能有一些能体现他们成长过程的、富有挑战性的景观，他们不想要一个塑料设施，他们需要的是一个 8~12 岁孩子会经常去、独自玩耍也很安全的地方。

贝尔维尔公园内，BASE 景观设计事务所设计的游乐场保持了旧游乐场 20 世纪 70 年代木制构架的原有位置和原来的入口（2000 年停用），乍一看似乎很危险。该结构由混凝土和木头制成，在 36 英尺（约 11 米）高的地方以 30 度翘起。游乐场地位于公园的一个角落，有一个不显眼的低矮篱笆阻止幼儿进入。与冒险游乐园一样，其中具备挑战，同时保证非常安全。自 2008 年游乐场竣工以来，唯一的较严重的受伤事件是眼睛上方需缝合的伤口。据悉，那个孩子当天晚些时候又回到了游乐场。[39] 但与冒险乐园不同的是，贝尔维尔公园游乐场造价昂贵，花费超过了 150 万美元（110 万欧元），但它占地面积大（1000 平方米），可同时容纳数

图 2.6　巴黎贝尔维尔公园的游乐场，由 BASE 景观设计事务所设计，2008 年
建成。这是游乐场的底层，孩子们借助绳索攀登到木板覆盖的封闭区域（Robert
S.Solomon 摄于 2012 年）（彩图 1）

百名儿童。BASE 景观设计事务所有意减少了成人座椅的数量，以营造培
养孩子自力更生的氛围。

　　在底层，儿童可使用绳索或者爬行，攀登一个坡度不断变换的混凝
土坡面。这个训练场能让儿童明白，实现目标的方法有很多种，好比登
山（设计师的灵感之一），通往上一级的路线不止一条（图 2.6）。如果儿
童能攀登到位于一层顶端的木结构，便会进入黑暗的悬挑结构。在那里，
有些路线是死胡同，他们必须做出选择。最终，有些孩子会找到一个入
口，允许他们爬上二层平台（图 2.7），那时，他们会遇到更多可选择的
路线：移动的木制平台、木制攀爬架、网、楼梯。作为一个整体，木制

构架提供了许多攀登和练习平衡的机会。如果爬上第三层，儿童会到达另一个平台。这里有一个可供攀登的木塔（图 2.8），到达塔顶时，孩子们会发现一个很高的平地，BASE 景观设计事务所在这里安装了几个乒乓球台。来游乐场游玩的人很快就能明白，这里是为既想待在附近又想远离热闹的游戏场地的大人们准备的。从这里，儿童可快速滑下（三个滑道中有两个来自原先的游乐设施），或者走楼梯至游乐场底层。在那里，他们可重新开始更刺激的游戏，或者直接离开，去往街道上。

儿童不断评估并重新评估通往贝尔维尔公园游乐场顶层的路途。观察着他们的行为，我们可感受到桑德塞特几年来一直在阐述的：儿童擅

图 2.7 巴黎贝尔维尔公园的游乐场，由 BASE 景观设计事务所设计，2008 年建成。这是游乐场的第二层，儿童至此到达游乐场的木制平台（Robert S.Solomon 摄于 2012 年）（彩图 2）

图 2.8　巴黎贝尔维尔公园的游乐场，由 BASE 景观设计事务所设计，2008 年建成。这个平台通往一座可攀登的塔，最后到达公园最高处的入口（Robert S.Solomon 摄于 2012 年）

长识别自己的恐惧，他们通过掌控这些冒险游戏来克服恐惧。[40] 如果攀爬过程变得艰难，他们可在任何一个平台上选择退出。BASE 景观设计事务所确保儿童不断意识到必须做出选择，即使最终结果无法预测。虽然第一层如迷宫般，孩子们可能会走进死胡同，但去往游乐场顶层的方式多种多样，孩子们能选择适合自己的路径。条条大路通罗马。

　　另一个重要的公园翻修工程在阿姆斯特丹进行，同样也是为了促使儿童挑战来自真实的和感知上的风险。这便是荷兰建筑师阿尔多·凡·艾克（Aldo van Eyck）设计的历史主题游乐场。阿姆斯特丹曾经拥有许多小而造价低廉的游乐场地，凡·艾克在 1945 年到 1970 年间设计了 700 余个。利用被遗弃或被毁坏的小块土地，或者征用交通岛，凡·艾克的实践表明了游乐场可成为任何可用空间里进行社区互动的重要场地。

　　凡·艾克设计的游乐场包含这些标志：一个大沙坑（通常带有一个顶部是宽大台阶的混凝土外墙）、一个简单的金属攀登架、金属单杠、"汀步石"。一张摄于 20 世纪 50 年代的照片（图 2.9）显示，在人群密集的公共场所，沙坑是其核心要素。沙坑能容纳大量孩子，他们可利用宽大的台阶

图 2.9 阿姆斯特丹冯德尔公园的战后游乐场，由阿尔多·凡·艾克设计，摄于 1957 年前后。凡·艾克设计了一个两层的游乐场地，这在他的作品中实属罕见（阿姆斯特丹市档案馆供图）

制作沙块，而家长经常坐在台阶上，从不远处照看孩子，与其他大人聊天。

　　凡·艾克还展示了如何在城市环境中创建一个密集的游乐场地网络，以便儿童能毫无障碍地从一个游乐场地去往另一个游乐场地。在他介入之前，当地居民必须首先申请建造一个游乐场地。正如利亚纳·勒费夫尔（Liane Lefaivre）所阐述的，这是基层"自下而上"的一个要求。[41]

　　不幸的是，许多凡·艾克设计的游乐场多年间不断消失，商业开发吞噬了它们。19 世纪末期建造的阿姆斯特丹冯德尔公园（Vondel Park）的内部边界旁仍保留了几个。2001 年，景观设计师迈克尔·凡·格塞尔（Michael van Gessel）承担了整修、升级公园的任务。2009 年，Carve 公共艺术设计事务所开始改造游乐场。Carve 曾设计过位于海牙的游乐岭，该公司具有高度的历史敏感意识，对凡·艾克取得的成就饱含敬意。在

图 2.10　双子塔（2010 年建成），由 Carve 设计建造，位于阿姆斯特丹冯德尔公园内阿尔多·凡·艾克设计的游乐场。凡·艾克设计的沙坑在 20 世纪 50 年代的面貌见图 2.9（Carve.nl 供图）

许多方面，Carve 的创始人之一埃尔格·布利茨堪称年轻一代的游乐场地倡导者中的代表性人物。也许是因为他多年的职业滑板运动员生涯，他具备风险意识，并努力将这种意识（或者至少是冒险的感觉）融入他设计的各种项目中。

冯德尔公园内有一个凡·艾克设计的游乐场地，Carve 将之改造升级了，使其能吸引大孩子，同时让小孩子保有兴趣。这个游乐场地较特殊，其游乐设备位于两个相邻的圆形场地中，其中较小的那个圆形场地位于几个矮台阶之上。

Carve 公共艺术设计事务所选择在两个游戏区之间建造设施。为保证最少干预，他们建造的是塔楼，并保留了凡·艾克设计的两个游戏区（图 2.10）。Carve 创造了一个充满活力的、高耸的游乐设施，也实践了他们自己理解的凡·艾克利用闲置空间理论。

Carve 为该公园设计了两个木塔[42]，总成本约 30 万欧元（图 2.11）。木质百叶窗板条覆盖着每一座塔楼，这种设计是向附近一座 20 世纪 20 年代建造的印尼殖民风格建筑致敬。这些板条也让儿童免受大人过于警惕的注视。有好几种方式可到达连接塔楼的两个滑梯，儿童滑下的高度不会超过 1 米，因而无须使用安全铺面。

儿童依据自己对风险的容忍程度来决定迎接多大的挑战。他们可以攀爬、穿过几个平台进入其中的一座塔楼。另一座塔楼更令人畏惧一些，孩子们必须自己找到入口，然后沿着绳索、网格向上爬。如果失败了，

图 2.11 双子塔（2010 年建成），由 Carve 设计建造，位于阿姆斯特丹冯德尔公园内阿尔多·凡·艾克设计的游乐场（Carve.nl 供图）

他们必须重新开始。最终，他们会到达一座被透明网状金属丝包裹的桥上，桥面离地 20 余英尺（6 余米），在这里感觉就像在鸟舍里一样，尤其是白天晚些时候，鸟鸣很吵，只不过这次是孩子被关起来了。他们感觉自己被悬在高处，像是受到保护，又像是暴露在外。在那里，他们可进入一个很高的滑梯，并快速到达地面。

位于哥本哈根的海洋青年之家由 PLOT 建筑设计事务所设计建造（图 2.12）。PLOT 建筑设计事务所是由 BIG 建筑事务所的比亚克·英厄尔斯（Bjarke Ingels）与 JDS 建筑事务所的朱利安·德·斯曼特（Julien De Smedt）共同创立。在这里，可以找到另一种"高而快"冒险游戏的样本。这是哥本哈根港阿迈厄岛（Amager Island）的一个混合用途场地，它建立在稳定的工业废弃地上。[43] 提案最初以清除场地中的金属废物为一个关键点，这项工作将消耗预算的三分之一。由于正式的修复环境工作只能把土壤移到 800 米以外，PLOT 想探寻一个更好的解决方案，能将更多预算用于执行其他项目：建造青少年拓展中心、筹备桑德比（Sundby）帆船俱乐部。PLOT 选择将被污染的土壤覆盖起来，并把节省下的资金投入

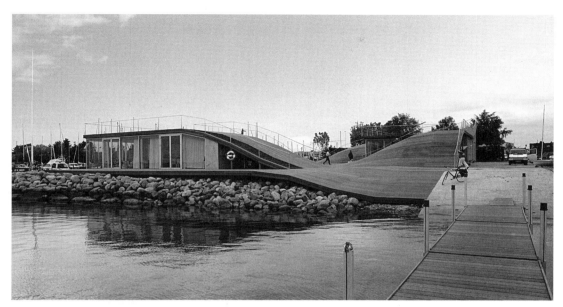

图 2.12 哥本哈根海洋青年之家（2004 年建成），由 PLOT 建筑设计事务所设计
（PLOT=BIG+JDS 供图，版权归其所有）

建筑工程中。整个项目花费了 145 万丹麦克朗（约合 27 万美元）。

为满足"水手和社会工作者"的需求，PLOT 建筑设计事务所设计出
了一个富有创意的解决方案——在屋顶上打造游戏空间。游乐场地位于
顶部，楼下便有足够的空间容纳游艇和为社交活动创造公共空间。屋顶
起伏明显，引人注目。设计师们称之为"社交地毯"，他们把它形容为游
乐区、"公共景观"和"木制波纹沙丘景观"。甲板上有陡峭的区域，有
些地方的坡度高达 25 度，供孩子们体验高地行走的感觉（图 2.13）。

在开阔的屋顶上奔跑，儿童有机会获取速度、感受高度，体验刺激
带来的快乐。这一设计特别精致，屋顶覆盖了棚屋，而且也向下倾斜至
港口。由于屋顶被认为是公共空间而非人行道，因此建筑可直接靠海，
不必再依惯例建造 8 米长的人行道。孩子们可以快速奔跑，如果向下跑，
必须留意场地内海水、屋顶以及小船起航处交接的地方。冬季，台阶和
"滑梯"被雪覆盖，极具挑战性。金属件和有限的金属网制成的栏杆作用
很小，它似乎更像是示意着屋顶的界限而非一个安全围栏或栅栏。

当然，把屋顶变成游乐场地的想法并不新鲜。屋顶游乐场有着悠久
的历史，20 世纪初在纽约市公寓屋顶也有这样的游乐场。1909 年，第一
家华尔道夫阿斯托利亚酒店（Waldorf Astoria Hotel，现帝国大厦所在地）

图2.13　哥本哈根海洋青年之家（2004年建成），由PLOT建筑设计事务所设计
（PLOT=BIG+JDS 供图，版权归其所有）

的老板邀请纽约游乐场协会将"器械"带到屋顶。他希望展示如何利用
屋顶开发受监管的游乐场地。[44]甚至在20世纪50年代的法国马赛，由
勒·柯布西耶（Le Corbusier）设计的马塞公寓（Unité d'Habitation）的顶
部就有一个游乐区。之前的这些游乐场地是设施完备的，尽管它们可能
会带来悬在空中的位移感。然而，在哥本哈根的这个游乐场可以让人离
海非常近，这会触发真正的危险体验。

青少年与电子游戏的诱惑

　　虽然青少年会被吸引到海洋青年之家的屋顶或贝尔维尔公园的游乐
场，但在美国，青少年几乎没有类似的去处。美国当代游乐场地既不能
吸引青少年，也不能启发他们。随着儿童不断成长，他们会厌倦传统的
柱子和平板制成的设施。这时会出现两种情况：他们要么不正确使用设
施，要么根本不使用。大约从8岁开始，孩子会拆解器具，重新组装，

以发现意想不到的东西，这制造了危险，这种危险是儿童在游乐场地无法感受到的风险的增强版。这时，他们开始做真正令人恐惧的事情，结果并不总是有益的。例如，儿童发现，将设施的顶部作为翻跟斗的着陆点令人兴奋。[45] 这种行为相比正常冒险，当然会导致更严重的伤害，尽管受伤事件仍然很少。[46] 青少年尝试了各种使用设施的方法后，他们便会推搡、拳打对方来获得乐趣。

越来越多即将成为青少年的儿童不再去往游乐场地，而是宅在室内，绝大多数都坐在屏幕前。我们都知道，青少年会沉溺于游戏中，他们在很小的时候就开始接触电子产品，其他事物很难吸引他们。游乐场地供应商非常了解这种趋势，他们用不同的方法来解决这个问题。一种方法是将游戏图像（例如从时兴的游戏"愤怒的小鸟"中截取图像）添加到普通的秋千和滑梯上。其他供应商已尝试将游戏机制（明亮的灯、移动的目标）运用于为青少年设计的新设备，有时甚至会在他们的产品中加入屏幕。然而，白天时很难看得清楚屏幕，而其图像的复杂程度却只能和过去的吃豆人游戏一样。青少年待在家里，电脑上或手机上的图像效果更佳，哪有人会去游乐场地玩游戏呢？

还有一个策略尚未被游乐场设施供应商充分考虑，那便是把握电子游戏的本质，这是指它们是如何发挥作用，而不是它们看起来怎样。这种策略可以准确地提供公园和游乐场地通常缺少的东西。我们应该考虑：用户的游戏需求是什么，公共空间如何能满足这些需求？一旦我们意识到游戏的初衷就是令人兴奋、有风险，但并不总是能获胜，并且需要大量的练习，我们就能发现，这些与帮助儿童成长的经验相似。甚至可能还有策略来指导青少年利用游戏在幻想世界中探索、炫耀、互动。[47]

游戏带来了一种"充满活力、时刻专注和投入"的感觉，是一项"令人兴奋和富有创造性的成就"，和他人一起在线玩游戏时，会创造出"强大、有英雄气概的决心和集体归属"[48] 的感觉。在引人入胜的著作《游戏改变世界》（*Reality Is Broken*）中，简·麦格尼格尔（Jane McGonigal）写道，人类迫切需要重新获得这种成就、成功和全身心投入之感。她指出，困难的事情会给我们带来快乐，比不那么苛刻、更被动的活动更令人满足。所有这些兴奋的感觉都可从电子游戏中获得。[49]

当我们注意到电子游戏可随时、自愿地玩，需面对障碍，有目标感且提供即时反馈等等特点的时候，就会看到电子游戏与成功的游乐场地有更多的相似点。此外，麦格尼格尔还谈道游戏能促进习惯的养成，游

图 2.14 青少年经常聚集在蝶形秋千（也称为"巢"）上，而后高高飞起。摄于伦敦哈克尼（Hackney）的弗兰普顿（Frampton）公园住宅区（Tim Gill 供图，www.rethinkingchildhood.com）

戏能激发出我们能力的最佳状态，这种愉悦的感觉被心理学家称为"沉浸体验"。实际上，"沉浸体验"可能比获胜更令人满意。好游戏一般难度大，它们会带来成就感、乐观情绪和持续的兴趣。[50]

使游戏成功的条件看上去很复杂，有些难融入现实世界，尤其是公共户外环境。与这种设想相反的是，有一些场地可以达到相同的目的，能吸引青少年，成本也不高。那些最能满足条件的器械就是制造商生产的最基本的产品。我们可以看到，简单的解决方案（如不规则岩石衬砌的沙坑或老式的跷跷板）可以为孩子们提供可控的风险环境。事实证明，类似的简单解决方案也能吸引青少年。

例如，考虑使用大型蝶形秋千，这是一种许多游乐场设施供应商都会制造的主要产品（图 2.14）。在巴塞罗那的一个街角，青少年们放学后飞奔出校门，朝马路对面的一个小游乐场地跑去。他们爬上了那个超大型秋千。首先，他们想看看能有多少人可以挤在碟形秋千上（青少年总是被这样一种观念所吸引，即相比正常容量，他们想让更多人进入一个空间，就像过去强迫对方挤进电话亭或小汽车的狂热一样），之后，由于有一人未能上去，或者是通过他们自己构想的某种方式来留下一人推动秋千，其他人疯狂地随之摆动。他们共同努力将自己摆动得越来越高时，会有一种清晰的兴奋感、成就感和集体归属感。他们之间共同的体验是正在进行中的越来越快的摆动。

20 世纪 80 年代，建筑师奥瑟·埃里克森写道，即使在那时，他也意识到了"高高飞起时的快乐和恐惧"[51]。连小孩子都知道这种感受，这名三四岁的孩子直奔荡秋千玩起来。建筑师塞萨·佩仁（Césare Peeren）为设计自己的游乐场地做了一些实地调研，他带 11 岁的儿子参观了十几个设施。他们很快得出结论，无论何种游乐场地，都需要安装秋千。可使用传统的扁平式秋千，但如佩仁所说，也可以使用新式秋千。20 世纪 70年代，当时流行的秋千和攀岩墙赋予了旧轮胎第二次生命。佩仁（就职于 2012Architecten 设计事务所，现为 Superuse 工作室）使用了荷兰艾卡沙罗宾尼亚公司销售的秋千。该公司的名称暗示秋千中使用了硬刺槐（黑刺槐）树①，事实上，秋千包含一个由剥去树皮的树干制成的六边形框架，框架每一侧都悬挂着一个轮胎。儿童在荡秋千时不会撞到对方，但他们可以离得非常近，因此会产生一种在做危险事情的感受（见图 5.3）。

佩仁设计的游乐场地以及之前提到的所有项目，都说明风险既有益又受欢迎。贯穿这些项目设计的另一主题是"选择"：在这些游乐场地，儿童需先做出决定，然后按照结论顺理成章地一直参与至最后。他们需选择如何参与、评估和管理自己的参与度。因此，每个参与者的体验都不相同。将来，随着我们不断建设风险意识并将之与失败和成功结合起来，我们能看到更多的游乐场案例让孩子们有直接的参与感。正如我们在下一章中将看到的，无论会成功还是失败，儿童必须意识到，他们正在经受挑战，有可能会出差错，但他们有能力掌控结果。

---

① 译者注：公司名称"艾卡沙罗宾尼亚"为 Acacia Robinia 的音译，意思是"刺槐"。

第 **3** 章　体悟失败与成功

　　失败、征服是在冒险或进行结果未知的活动时随即产生的，在大多数美国游乐场上，两者都被抹杀了。在无风险的情况下，儿童没有机会展示自己的能力，因为他们只能做些已经知道自己能做到的事情。[1] 成功或失败的概率影响着游戏的动态，导致许多活动可能更注重以目标为导向，尽管结果如何尚不明确。熟练造就成功，增强个人成就感。儿童成功完成一项艰巨的任务时，他们便掌握了一些技能。[2]

　　由于掌握技能令人身心愉悦，引发内在动力，儿童想要重复他们刚刚完成的事情，每次尝试孩子们都试图把自己推得更远。[3] 心理学教授格罗尔尼克提醒家长，应给予孩子探索自身极限的自由，否则当他们面对艰巨任务时，往往会轻易放弃。[4] 另一位心理学家认为，若孩子失败后再次尝试得以成功，他们"会发展出内在的自制力和主人翁感，使得他们最终能在自己本身、健康状况和人际关系等方面做出正确的选择"[5]。

理论依据

　　从社会认知发展（SCD）和发展性认知神经科学（DCN）这两个不同且相对较新的领域中，我们获得了许多关于失败和征服的知识。斯坦福大学心理学教授卡罗尔·德维克（Carol Dweck）是社会认知发展的先驱之一。德维克利用认知发展研究来了解社会行为[6]，研究表明儿童喜欢接受挑战，不希望任务过于简单。德维克的研究虽侧重于学生的学业成就，但也涉及个人成长，其主要发现之一是儿童需要相信没有什么（包括智商）是固定的或注定的：如果他们有"成长的心态"，便会明白，自己可以通过尝试、犯错和努力来不断取得成功。她表明，这和增强身体素质、学习一门课程是同样的道理。德维克的第二个也是必然的发现是，如果父母、老师或教练称赞他们的努力而不是能力或成就，学生会更受益，这也赋予了他们进步的空间。

阿黛尔·戴蒙德（Adele Diamond）在不列颠哥伦比亚大学任教，是发展性认知神经科学的先驱之一，她写道，儿童有机会完成艰巨的任务并取得成功时，他们的自信心会增强，即使这意味着要进行多次失败的尝试。[7]他们乐于接受艰巨的任务，一旦成功，他们会骄傲地承担更艰巨的任务。[8]德维克和戴蒙德的发现都表明，有正向反馈的尝试会一直进行，且永不停止——我们评估游乐场地的方式也是这样。

美国如今的游乐场地很少给儿童提供体验失败的机会，来促使他们突破自己的局限。美国游乐场地已取缔风险因素，场内进行的都是大多数孩子不费力就能完成的活动。

这些游乐场地内到处都是家长，他们夸奖自己的孩子成功爬上了低矮的四级台阶，或走过了一座封闭的桥，而桥只是稍微高出地面。家长的行为也许不可能被改变，尽管为他们当时的行为提出警示可能是一个好的开始。探索如何让儿童正视自己的能力并帮助他们参与虽然困难但有可能成功的活动也是有益的。我们希望充满挑战的游乐场地大大增多，这样家长可以不费力地、真诚地告诉自己的孩子："你真的必须努力去做"，而不是"你是世界上最好的攀爬者"。令人鼓舞的是，已经出现了许多邀请孩子尝试虽然困难但可克服的活动的案例，我们希望家长在孩子成功时表扬他们。

树木

大人都记得（或声称记得）童年的树木以及爬树的经历。爬树是掌握知识的绝佳机会，因为儿童必须判断树的坚固程度、想爬多高以及最终停在哪里。爬上适当的高度冒险是可能的，大多数孩子都为自己的攀爬感到自豪。当儿童恳求父母为自己建造一个树屋时，其实是在寻找特别的逗留场所，孩子们确信他们在大人不愿意进入的地方是安全的、可独处的。

树屋偶尔出现在今天的公共空间，它们通常有一个平缓的入口通道，高高的围栏环绕着树屋顶，儿童可通过坡道或楼梯进入树屋内。如果我们能找到一种方式，让所有儿童（无论是身患残疾还是行动自由）都能经历一些更具挑战性的事情，再次使树屋成为一个既能达到目标又能较长时间远离家长或保姆的地方，儿童将受益良多。35 年前，环境心理学家观察到，为了在户外环境中取得成功，儿童会逐渐提升自己。他们还

图 3.1 Todd Rader + Amy Crews 建筑设计事务所设计的私人树屋,位于纽约州北部(Todd Rader + Amy Crews 建筑设计事务所供图)

指出,一棵树木可以为儿童带来持续多年的挑战体验。[9]

也许我们可以重新设计树屋,使之成为公共空间中发挥效用的元素之一。托德·雷德(Todd Rader)和艾米·克鲁斯(Amy Crews)都学习过建筑设计和景观设计,并创立了 Todd Rader + Amy Crews 建筑设计事务所。他们已经翻新了好几个树屋。[10]他们期待为纽约哈德逊(Hudson)的个人客户设计的树屋(图 3.1)能作为一个固定模型,可直接应用于任何公共场所。私人树屋一般刚好能装下 6 人,但用一个大底板去容纳超过 6 个孩子的树屋是可实现的。这种简单的抽象美在屋顶上表现为模仿鸟巢,在四肢上表现为模仿树形。

Todd Rader + Amy Crews 建筑设计事务所设计的树屋最精彩之处在于

需要沿着树干爬到底板上。若失败，他们会努力学习技能直到能爬上去，就这么简单。儿童必须做计划并实践，直到能够爬上树屋。爬上树屋既是挑战，也会带来乐趣。由于地面是倾斜的，成功爬上去的儿童距离地面 12～15 英尺（3.7～4.6 米）之间。这种刺激感和成就感的成本不算高昂，私人树屋的材料费约 500 美元，设计师们认为，在公园中建造一个类似树屋的造价可能不会超过 8000 美元，对比一下工业成品树屋的成本，一个内部尺寸是 4 英尺 ×5 英尺（约 1.2 米 ×1.5 米）的树屋价格将超过 6200 美元（安装前）。

在日本东京立川的一所私立幼儿园里，几乎不可能把游乐场地、树木与建筑区分开。由手塚建筑设计事务所 2007 年设计的富士蒙特梭利幼儿园拥有 500 多名年龄在 2～6 岁的学生，是日本最大的幼儿园。[11] 曾为优衣库和三宅一生提供设计的知名平面设计师佐藤可士和邀请了建筑师手塚由比、手塚贵晴参与该项目。[12] 这对夫妻搭档在西方完成了研究生学业：手塚由比在宾夕法尼亚大学，手塚贵晴在伦敦的巴特莱特建筑学院。他们将自身带有的日本价值观融入现代主义和西方的实践作品中，形成了一种以精湛的工艺、精致的细节以及明智地使用看似朴素的天然材料为特点的美学风格。二人讨论了如何让儿童重新获得快乐和各种感官体验，并将这些理念融入这所幼儿园中。

手塚夫妇设计了一个椭圆状的单层环形建筑，环绕着一个开放式中央庭院。二人的孩子天生喜欢画圆，这使手塚夫妇确信，圆或椭圆是儿童喜爱和理解的基本几何形式。同时，这也是取代将被拆除的 C 形老教学楼的理想形状。这所新幼儿园四面都有玻璃墙，面向院子的玻璃通常是敞开的，室内未设置分隔，儿童可移动的轻型家具是室内空间的唯一分界线。

这座建筑的设计还包含了园长加藤石一的意见，手塚夫妇必须遵从他的想法。加藤告诉家长，他们的孩子在幼儿园可能会摔断胳膊或腿，但永远不会遭遇诸如头部或颈部骨折之类的需长期疗养的伤害，他希望孩子们有机会冒险并能享受成功的乐趣。室内顶棚的高度刚好超过 6 英尺（约 1.8 米），以便创造出一个"儿童专用顶棚"。庭院和平屋顶之间距离较短，增强了两者之间的联系，虽然加藤园长希望它们之间的距离再缩短一些。手塚夫妇尊重幼儿园提出的"矮屋顶房屋"要求，这是他们在私人住宅中探索出的一种形式，但在日本的公共空间中并不流行。

图3.2 日本东京富士蒙特梭利幼儿园（2007年建成），由手塚建筑设计事务所设计，中央游乐场的流水可用于水上游戏。图片中，一位老师正用水清洗一个掉进学校种的稻田里的孩子（作者摄于2013年）

　　庭院和屋顶合二为一，成了一个巨大的可供攀爬、滑行和跑步的游戏场所。站在院子里的老师可同时监控屋顶上和庭院里的活动（图3.2）。儿童可从庭院出发，爬上沙丘，之后登上楼梯。到达屋顶后，他们可四处跑或通过陡峭的滑梯回到庭院里。屋顶是木制的，非常适合跑步和做游戏，屋顶上还有天窗，所以孩子们可以在那里或在附近以其他方式窥视教室。安静些的时候，儿童可坐在屋顶的边缘观看庭院中的表演。庭院非常大，可同时容纳全幼儿园的人。加藤原打算将屋顶上的所有扶手都去掉，但若没有扶手便违反了当地的建筑条例，所以他提出了一个建议：在建筑的周边安装巨型安全网确保接住掉落的儿童。最终，为了满足园长的要求又遵守建筑规范，建筑师们选用了尽可能细的栏杆。

　　在与拥有自由精神的园长的另一轮商议中，建筑师们找到了一种将3棵现状树并入屋顶的方法。这些大榉树既能作为基础设施，又可成为游戏场所。在屋顶上，儿童可爬上围着树干的网，这会有一种抓住树干的感觉，之后他们可从屋顶平地开始朝上爬。渔夫被请来编织渔网以确保其结实牢固；建筑师们认为使用网满足了加藤最初的愿望，即在孩子冒险时保障他们的安全。每棵树的情况各不相同，孩子们可以不断挑战自己去爬完这三棵树（图 3.3）。

在地面上，离主入口最远的椭圆形建筑的背面也可进行活跃的游戏（图 3.4）。由于幼儿园四周有低矮的链条围栏，所以还有一些空间可制作"沙滩"。这里有更多树可攀爬，可以从一根挖空的木头里面爬过或跳上去，还有简单的金属设施供攀登和滑行。广阔的沙滩区与水上游戏区相接壤。沿着椭圆形建筑的外部区域有一个动植物区：围场里有两匹小马，花台里生长着水稻和茶树。孩子们可随意在这些区域中走动，还可以爱抚小马、触摸植物。他们可以在此处闲逛。如果儿童不慎掉进稻田里弄脏了，他们就会来到院子里，让老师用软管帮他们冲洗干净。落水是该幼儿园的特色之一，儿童可通过犯错、再尝试来学习。

图 3.3　日本东京富士蒙特梭利幼儿园（2007 年建成），由手塚建筑设计事务所设计。学生可从屋顶爬上穿过屋顶的 3 棵树，他们可以自由地攀爬到自己想要到达的高度（作者摄于 2013 年）

图 3.4 日本东京富士蒙特梭利幼儿园（2007 年建成），由手塚建筑设计事务所设计。该游戏区位于椭圆形建筑的外部，远离入口。有几棵树、挖空的原木、陡峭的滑梯、攀爬设施，地面上还有大量沙子（作者摄于 2013 年）

　　2011 年，手塚建筑设计事务所设计并完成了幼儿园的加建任务，工程改进和突出了第一栋建筑的一些特点。新的圆形建筑室内供英语课使用，室外有一个有遮蔽的公交车站。该建筑是幼儿园椭圆形主楼的视觉补充和使用功能的补充。这个较小的建筑半封闭、半开放，呼应其提供的两个功用，庭院里一棵树几乎占了所有空间，并延伸到屋顶之上，很是显眼。该建筑及其周围的间隙空间目前还不具备游乐功能，但它们的存在进一步强调了幼儿园园长的探索哲学。

网

　　在日本，手塚建筑设计事务所还设计了另一座建筑用来保护一件艺术品，儿童可在此测试他们熟练的技能。他们与纺织艺术家堀内纪子合作打造的艺术品成为箱根露天博物馆的永久藏品之一。这个钩编作品——"编织奇幻空间 II"（2009 年制成）位于一个博物馆的室内地面上，因此要收取入场费。入场费每逢周六便降价，每个成年人可免费携带多达 5 名儿童或青少年。这不是一个免费的邻里空间，但家庭可办理会员，再次拜访时可享受优惠。

堀内纪子与该博物馆有很深的渊源。堀内纪子曾在东京的多摩美术大学和美国的克兰布鲁克艺术学院（Cranbrook Academy）学习纺织设计，她最初认为自己的纤维织品是艺术品。[13]20 世纪 70 年代，几个孩子跳进了一个纤维装置中，这个装置充满了堀内纪子和同事设计的整个空间。这一事件改变了她的职业生涯，她一直在寻找一种方法，要在艺术作品中建立人与人之间的联系。她发现，为儿童设计能将手工制作的作品与实际的体育活动结合起来。

她以一种全新的角度来思考自己的作品，并与学生们一起探讨儿童玩耍的方式和地点。在 20 世纪 70 年代初的东京，她看到儿童被困在公寓里，很少有机会外出。这个残酷的现实与第二次世界大战后她在日本长大享有的自由截然不同。因此，她的第一件纺织艺术品是为儿童设计的，还将它送给了一所幼儿园。20 世纪 80 年代初，她在箱根露天博物馆展出了她的纤维艺术作品，随后博物馆委托她为儿童设计一件作品，作为馆内的永久藏品收藏，它便是"编织奇幻空间"，这是一个编织尼龙制成的互动型雕塑，由她手工染色、钩编。雕塑位于一个黑白画廊里，儿童不仅被允许，而且是被鼓励爬上雕塑去玩耍。

2009 年正值箱根博物馆庆祝成立 40 周年，该馆决定用一件由堀内纪子设计的新作品替代"编织奇幻空间"。当时堀内纪子正和丈夫查尔斯·麦克亚当（Charles MacAdam）在加拿大他们自己的公司——Interplay 设计制造公司一起工作，她创作了一个更大、更高级的作品，命名为"编织奇幻空间 II"。"编织奇幻空间"和"编织奇幻空间 II"，以及 Haugen/Zohar 建筑设计事务所在特隆赫姆的作品都证明了，成功的游戏景观是将艺术品与娱乐活动的物体相结合，并具备需要儿童冒险克服障碍的区域。以"编织奇幻空间 II"为例，该作品一制成，参观博物馆的人数便翻倍了。许多家庭（尤其是那些有小孩的家庭）有时会奔波几百英里，为的是在这个编织雕塑上度过一天。他们的奔波说明这个作品让孩子们乐意不断尝试，直至他们能在雕塑上爬得越来越高。如果孩子们能立刻毫不费力地爬上去，他们和他们的家长就会在几分钟内离开。

图 3.5 "编织奇幻空间 II"（2009 年制成），由堀内纪子设计，位于日本箱根的箱根露天博物馆由手塚建筑设计事务所设计的网状木屋展馆内。小洞是为确保网的内部专供儿童使用（作者摄于 2013 年）（彩图 3）

　　"编织奇幻空间 II"是一个悬挂的尼龙作品，经堀内纪子再次染色和钩编而成。她邀请工程师今川宪英进行结构设计。由此产生的作品类似于一个悬挂的篮子，底部凸起、顶部有一个大洞口。堀内纪子夫妇称之为"气袋"。整体设计的彩色大圆圈十分瞩目。悬挂件上挂满了钩编的悬挂球，地上的是钩编的圆枕头（图 3.5）。在这张巨大的网格上，简单的形状、变换的颜色、迷人的编织圈都诱导着儿童（年龄须在 12 岁以下）想方设法进入其中。钩针编织带孔，所以试图进入的孩子可看到（或听到）其他已经在那里的孩子。里面的孩子激励了其他第一次尝试进入的儿童，使他们即便可能遭遇困难，也不会放弃（图 3.6）。

　　儿童（他们必须脱鞋，这样能更好地分配重量和张力）首先要向上爬，进入一个小洞。这有点棘手，但狭小的洞口令家长根本不能尾随入内。靠近地面的洞口让幼童有机会爬进去玩耍。一旦通过最初的狭小入口，儿童须沿着织物的一侧爬行，直至到达一个更高的洞口。他们必须钻入洞口，以到达宽广的内部区域。至此他们需做选择：可沿着两侧爬得越来越高，或者爬行或跑过大片区域。孩子们到达内部时，他们的自豪感和成就感油然而生；在发现自己能在富有弹性的表面上进行不同的活动时，他们的喜悦会不断发酵。最重要的是，他们意识到自己在高处能和同龄人一起闲逛、聚集而不受父母的直接控制。他们还须弄清楚如何回到地面，与父母或保姆重聚。

图 3.6　"编织奇幻空间 Ⅱ"（2009 年制成），由堀内纪子设计，位于日本箱根的箱根露天博物馆由手塚建筑设计事务所设计的网状木屋展馆内。小洞是为确保网的内部专供儿童使用（作者摄于 2013 年）

手塚建筑设计事务所认为堀内纪子的作品应放在室外，但须想办法保护它免受日晒雨淋。为打造这样的"保护性建筑"，他们设计了一个独立的、蜂巢状的展馆（"网状木屋"），木制的连接点让人想起 17 世纪建成的京都清水寺。设计师使用了 580 个独特的木块，以确保雨水能够顺利排走的方式进行组织。木块之间的间距较大，允许有限的光线进入，但不会消除神秘感。展馆外观好似雕塑，使之与周边其他的户外雕塑作品十分和谐，这些雕塑中有亨利·摩尔（Henry Moore）和胡安·米罗（Joan Miro）的作品。假若当时有将该展馆变成一个攀爬结构的方法，建筑师们一定会欣然接受。

堀内纪子的其他带网作品中，有一些放置在室外，其中便有她的早期作品——彩虹吊床。它位于昭和纪念公园的迷雾森林附近。她曾经的学生、风景园林设计师高野文彰曾与其在冲绳某国家级公园的一个项目中合作过。高野邀请她为其在 20 世纪 90 年代设计的一个公园区域创作一些元素。她设计了 67 个用机械打结的网，并亲手为之染色。这些网一开始是贴近地面，之后上下重叠，直到 10 英尺（约 3 米）或 12 英尺（约 3.7 米）的高度才交会为一体。网呈斜坡状接近粗糙的地面，儿童可先从低处开始爬，然后快速到达高处。网的颜色在水平方向上随距离而变化，攀爬者可凭此判断他们从一端向另一端走了多远。儿童可在网格上蹦蹦跳跳，不过他们的主要活动还是攀爬，获得掌控高度的兴奋感。如何做到这一点有时并不显而易见，儿童必须制定细致的攀爬计划。附近标牌上的内容表明这一设施是为小学生或更小的孩子设计的，但总有超过规定年龄的孩子、大人在场。公园为孩子献上这个作品的同时，实际上也在鼓励大人将周边平地作为野餐区，在那里他们可从远处观察小孩（图 3.7）。这个以家庭为导向的场地理所当然地成为有年龄较小的孩子的家庭的游乐场地，大一点的青少年则会去往公园的其他地方（图 3.8）。

堀内纪子认为她的所有作品都是有机的，每 6～8 年需大修一次。它很符合日本人不断修补室内屏风的传统，也与神道教相信生命永恒、圣物会逝去（如伊势神社，每 20 年需更换一次）的信仰相吻合。

堀内纪子的作品都是依客户需求定制的。然而，在犹他州萨拉托加温泉市（Saratoga Springs），一个截然不同的网挑战了儿童和成人，它有工业特征，而且与场地没有视觉联系。这个独特的作品被其制造商柏林绳索厂命名为"海王星 XXL"。它看上去可能会令人产生焦虑感，但事

图 3.7　日本东京昭和纪念公园内的彩虹吊床（1990 年建成），由堀内纪子设计。总体规划由高野景观规划有限公司的高野文彰负责。吊床贴近草地，那里有许多家庭正享受着野餐（作者摄于 2006 年）

实表明，不论多大年纪，人们都希望有机会去征服起初看起来很困难的东西。[14] 这也表明小镇可以由一个游乐场地赋予它独特的身份标签。

　　本案例中的萨拉托加温泉市，直到 1997 年还是盐湖城以外未合并的郊区之一。它位于纽约州北部，正如其名，它本身就是一个度假胜地，以天然温泉和矿泉疗养地为特色。2000～2012 年，其人口从 1000 人增长到 1.7 万余人，预计还将继续快速增长。市政领导人寻求建立一个地标性中心。在建造了一个占地 10 英亩（约 4 公顷），包括港口和船舶下水装置的公园之后，他们希望建立一个值得纪念的地标。他们原本预想的是老式的摩天轮或旋转木马，能将各年龄段的市民聚集在一起。但最终他们决定建造"海王星 XXL"，原因是它相当高（达 30 英尺，约 9 米），是独特的金字塔形。这不是全球唯一的一个，但在西半球是第一个。虽然成本可能很高（安装前就已超过 18 万美元），但它每天都能容纳很多人长时间在此逗留玩耍。如今在美国许多游乐场地，我们能发现有更小规模的、类似绳索的攀爬设施，它们似乎能同时吸引许多儿童，让儿童有机会先品尝失败而后努力取得成功（图 3.9）。

尽管看上去有些危险，但"海王星 XXL"实际上相当安全。管理者并未限制使用年龄，其周边也没有围栏。该市政府官员说，只要父母愿意，他们就可以把孩子放到其中的网格上。在内部的网格中，所有的跌落状况都受缓冲设施保护，且跌落的高度都在 6 英尺（约 1.8 米）以内。如果小孩从低处跌落下来，他要观察四周，想出一个更好的方法再做一次尝试。对儿童来说，"海王星 XXL"提供了挑战自己攀爬得越来越高

图 3.8　日本东京昭和纪念公园内的彩虹吊床（1990 年建成），由堀内纪子设计（作者摄于 2006 年）

图 3.9 "海王星 XXL"金字塔形攀爬架（柏林绳索厂制造），由景观设计师格雷戈里·H. 格雷夫斯（Gregory H. Graves）和 J-U-B 工程设计公司设计（2011 年建成），位于犹他州萨拉托加温泉市的海王星公园内（Alyse 摄）

的机会。而年长的人（尤其是那些看过小孩子在此攀爬的人），则会晚上过来尝试爬上最高点。灯光及附近的湖使得这里成为一个怡人的公共场所，成年人可以在此聚集。政府官员对此处开展的热闹的活动非常满意，并意识到这个受欢迎的游乐设施如今已重新定义了之前划分的这片区域，因此以该设施的名称命名了整个区域，即现在的海王星公园。

圆顶

阿德里安·高伊策（Adriaan Geuze）是鹿特丹一个城市规划与景观设计事务所——"西 8"（West 8）的创始人，他在 2012 年现代艺术博物馆举行的一次研讨会上发表了演讲，主题是"玩乐之城的孩子"（The Child in the City of Play）。[15] 高伊策展示了阿姆斯特丹博尼奥 – 斯波伦堡

（Borneo-Sporenburg）项目的照片，那里的总体规划是"西 8"完成的。他重点介绍了为这个项目特意设计的一座高桥，它位于只有低矮的小船航行的一条运河上。他很快又补充道，当时他希望这座桥要建得比实际需求更高一些，这样当地的孩子就可以从上面跳入水中，创造他们自己的乐趣。这个成功的开场白展现了为儿童做规划设计可能比预想得更容易、更微妙。还有一种可能是，儿童看到了父母没有意识到的玩耍方式和掌握技能的途径。

耶尔根·莫伊（Jørgen Moe）是一位陶艺家，在特隆赫姆的毛德皇后大学任教，他展示了儿童会接受大人可能无法立即发现的挑战。在他设计的内德弗拉坦森幼儿园（Nedre Flatåsen Barnehage）的游乐区域，他创造了一种可以利用天气情况的小圆顶。这是一个新的幼儿园，于 2010 年建成，位于特隆赫姆的一个住宅区内。同特隆赫姆其他幼儿园里的作品一样，莫伊对游乐场地的贡献是加入了艺术元素，这个尝试还得到了该市"百分比艺术倡议"项目的支持。受到安东尼奥·高迪（Antonio Gaudi）在巴塞罗那奎尔公园（Park Guell）将破碎的陶瓷片楔入混凝土中的手法的启发，莫伊以彩色瓷砖镶嵌建造了一系列低矮的小圆顶。

小圆顶很坚固，儿童可爬上去，甚至可从上面滑下来。天气暖和的时候，其中一座圆顶会有喷水的小喷泉。卵石小路连接着各个圆形高地，让儿童有机会看到水在石块间流过。儿童可以在这个不平坦的表面上爬行或骑行，以及设计自己的跑步路线或骑行比赛路线。天冷的时候（从 10 月开始），有一半小圆顶经常被雪覆盖。教师还可以通过电脑芯片来控制每个小圆顶的照明。这些灯提醒儿童，他们仍可攀爬这些圆顶或坐在上面，也能以小圆顶为据点挖雪或做大型雪堆。因此，灯亮时孩子们会非常兴奋，因为他们知道自己可再次在小圆顶上测试自己的能力（图 3.10）。

MVVA 景观设计事务所（Michael van Valkenburgh Associates）在纽约联合广场公园中使用了不锈钢制作圆顶，将圆顶这一元素拓展到不同制作材料以及更大的规模。为翻新该游乐场地，MVVA 景观设计事务所选用了大量设施，其中有一些是成品件。该游乐场地的精彩之处是由美国格瑞克营销集团（Goric Marketing Group）制造的一座巨型不锈钢圆顶（图 3.11）。它位于离入口最远的角落里，距离儿童活动区也最远，但它似乎是那里最成功的设施。青少年儿童试图一次蹦上顶端，或先跳上去再努力爬到顶端。他们互相鼓劲，看看能否在一次快速跑中登顶。成功爬上顶端的孩子会因自己的成就而兴奋得脸红，并敦促自己的朋友加入

图 3.10　内德弗拉坦森幼儿园的陶瓷小圆顶和卵石小路（2012 年建成），由耶尔根·莫伊设计，位于挪威特隆赫姆（Jørgen Moe 供图，Grethe B. Fredriksen 摄）

他们，他们甚至会鼓励更年幼的孩子进行尝试。他们还会想出新方法以控制坡度，进一步测试自己的能力。有些孩子会尝试"走"下陡峭的斜坡而不跌倒，其他孩子想看看他们是否可以趴着滑下去。一位来自新罕布什尔州（New Hampshire）的 5 岁小女孩在拜访住在附近的祖父母期间，坚持每天去圆顶，每次都试图爬上去，直到最后爬到顶端才满意。还有许多这样的例子，不同年龄的孩子都会设定各自的目标，然后努力实现它。

尽管巨型圆顶很成功，同一设计师设计的小型圆顶却导致了一个不太愉快的结果。在其布鲁克林大桥公园方案中（码头 6 区），MVVA 景观设计事务所设计建造了 3 座小型圆顶，每座都是 2 英尺（约 0.6 米）高。低矮的圆形高地非常适合小孩子玩耍，而且提供了一种与美国现有的游乐场地完全不同的攀登体验。布鲁克林的小圆顶于 2010 年 3 月建成，位于州立公园内的幼童活动区，公园占地 85 英亩（约 34.4 公顷）、耗资 3.5 亿美元。几个月后，天气变暖，圆顶被烤得很烫。指责很快就出现了，说孩子们烫伤了手。当地许多家长愤愤不平。到 6 月中旬，纽约州开发署（Empire State Development agency）已用围栏围住圆形高地并用防水布遮住了它们。到月底时，该机构已用低端的标准化设施替换了它们。[16]

图 3.11 MVVA 景观设计事务所为纽约联合广场的游乐场区设计了这座巨大的格瑞克（Goric）不锈钢圆顶形"山"（2011 年建成）。遮阳篷有助于减少金属吸收的热量（作者摄于 2012 年）

　　为安全起见以及平复家长的愤怒情绪，该机构使得儿童丧失了从经验中学习的机会。无可否认，景观设计师应考虑提供一些遮阴，但需等待一段时间直到附近的树木长成，直接将圆顶拆除似乎过于极端。也许公园的管理人员应该这样回应家长："我们知道您担心自己的孩子会被烫伤，但也可把这些圆顶看作是供孩子们学习的场所。"儿童走进这些圆顶，如果它们表面很烫，孩子们应当知道不能用手触碰。游乐场地是一个真实的场所，儿童不应期望每一个设施都能免受当地条件的影响。

出乎意料的材料

　　如果家长可以指责不锈钢制成的设施在天热时不安全，那么设计师

图 3.12 纽约市圣恩学校的游乐设施（2010 年建成），由 Katie Winter 建筑设计事务所与 Bothwell 场地设计事务所设计（Carl Posey Photo 摄及供图）

便陷入难题了。有一种解决办法是，为了方便并降低成本，使用从未被用来制作游乐设施的材料。这些材料往往以意想不到的方式给儿童挑战自己、掌握技能的机会。

建筑师凯蒂·温特（Katie Winter）创造了一种解决方案，在纽约市资金拮据的学校把普通建筑材料转变成学生的游乐设施。布朗克斯（Bronx）的圣恩学校（Immaculate Conception School，幼儿园至 8 年级）委托温特将一个大而有些不规则的场地充分利用起来。她想出了一个不错的策略：把一个废弃且移除费用高昂的游泳池改造成一座堆满物品的小山。她还使用了地面摊铺机，以便儿童可以从一处直接跳到另一处。她仅使用链环栅栏和桩子便建造出了一个高高耸起的荒诞派花园（图 3.12）。

由于 700 多名学生中几乎有一半会同时待在游乐场上，因此所有空间归所有学生使用，温特设计出的方案必须适合各个年龄段。她再次使用了一种能支撑链环栅栏的桩子，并用它们来改造游乐场的另一片区域。她在桩子上涂上红色和蓝色的粉末涂层，然后把它们按网格固定。从上方看，它们好像只有一层，但从游乐场中央看，它们的空间感比实际情况要宽敞。孩子们已将这种简单的排列结构变成了一个游戏区，在那里他们发明了新游戏，并对已经开发的游戏更得心应手。他们找到了在两端之间滚球的方法；他们还在两端之间来回飞荡；而最大胆的是，他们不仅飞荡，之后还会张开双臂，这样他们就有了一种"飞翔"的感觉。"飞翔"是在冒险，同时也令人兴奋，但他们必须不断练习才能掌握正确的姿势。不出所料，各年龄段的学生蜂拥而至，都会在这里玩耍。

在鹿特丹，有一块同时作为公园及学校操场的场地，其地面是沥青的。建筑师莫妮卡·亚当斯（Monica Adams）和朱丽叶·贝克林（Juliette Bekkering）（就职于 Bekkering Adams 建筑设计事务所）使用了一个大胆的"设施"来满足附近无论年轻或年长的居民的需要。[17] 这个场地坐落在穆勒码头（Mullerpier）上，旁边有个专供学习技术和戏剧艺术的公立学校。在建造了包括篮球场在内的封闭体育活动区之后，建筑师们开始把关注点放在如何设计不同校园区域的座椅，这些座椅要同时服务大人和孩子。

他们最有趣的设计也有关于座椅，但设计方式令人意外。在幼童活动区，建筑师指定使用了一件市面上可以买到的"景观家具"，但将之颠倒摆放。巴塞罗那的 EMBT 建筑设计事务所（Enric Miralles—Benedetta Tagliabue）设计了这件"景观家具"，并命名为"沿海步道"（Lungo Mare）（Escofet 为其制造商）。自 2000 年开始上市销售。该作品分为三个模块，每个重 3000 多磅（3000 磅约为 1360.7 公斤），表达的是波浪起伏的形态（图 3.13）。由于其巨大的重量和由压制过的铸石制成的光滑表面，"沿海步道"既不易损坏，也不易被挪动。Bekkering Adams 建筑设计事务所看到了只用一个模块作为游乐场地设施的潜力，这样造价相对较低，约 8000 欧元。

海浪的意象很适合这个曾是码头的地方。通过倒放座椅，Bekkering Adams 建筑设计事务所突出了中间的凹陷，创造出了高高扬起的悬臂。幼童需明白如何能爬上悬臂，然后再跳进中间的凹陷区。他们常常需要尝试几次才能成功。他们会从高处跳下？还是回到离地面最近的那边？

图 3.13　荷兰鹿特丹穆勒码头游乐场（2008 年建成），由 Bekkering Adams 建筑设计事务所设计。这个"设施"是"沿海步道"长凳（作者摄于 2012 年）

无论他们做何决定，都必须准确预估水平距离和垂直距离。抽象的设计鼓励儿童联想到奇妙的场景，他们可能联想到宇宙飞船或海盗船之类的戏剧性事件。虽然游乐场地中还设有较传统的攀爬设施，但是孩子们都被倒放的座椅吸引了。

　　学校非常乐意提供球和跳绳，这些简单的工具让儿童创造出他们自己的游戏系统。这里较大面积的橡胶铺面与旁边的沥青铺面很好地融为一体。这两种材料单独使用的效果都不是很令人满意，但两者一起共同组成的铺面遍布了整个小校园，鼓励着学生之间的互动游戏。沥青铺面仍可用于校园里传统的球类运动、跳绳和粉笔画。在美国的一些游乐场地，沥青铺面仍然是必要的，用以作为儿童进入大楼前的排队场所，以及跳房子的游戏地点。进入 21 世纪后，在美国，人们对跳房子已没有了性别偏见，或许是由于不常看到这种游戏，男孩和女孩似乎都喜欢它。

无障碍环境

在美国，我们倾向于认为"无障碍环境"是为了符合《美国残疾人法》（Americans with Disabilities Act，ADA）的规定。《美国残疾人法》于 1990 年通过并随后经过修订，该法对游乐场地有着明确的要求，以便残疾儿童（尤其是那些需要坐轮椅的儿童）能够在场内玩耍。《美国残疾人法》虽很重要，但还不完美，其中涉及非轮椅残疾（如听力障碍或视力障碍）的规定较少。然而，听障或视障的青少年儿童和需坐轮椅的青少年儿童在数量上是一样多的。对于幼儿、穷人的开放性问题也不在该法的权限范围内。幸运的是，一些设计师正在思考如何为残疾人、婴幼儿甚至那些生活在城市贫民区的人打造无障碍环境。设计师们努力整合不同的群体，使他们可以共享所有公共场所。

景观设计师赫勒·纳贝隆一直提倡建造具挑战性的游乐空间，在家乡哥本哈根重新设计一个游乐场地时，她发现了许多激发包括残疾儿童在内的儿童行为的可能性。[18]该游乐场位于巴尔比公园（Valby Park），是丹麦最大的公共场所之一，曾是城市的垃圾场，随后被改造为冒险游乐场。作为 1996 年"欧洲文化之都"的筹备工作之一，哥本哈根修缮了该公园，并在园内建造了 17 座花园，这个游乐场地就是其中之一。

纳贝隆设计的游乐场地需修复地面以下 3 英尺（约 0.9 米）多深的泥土。在开始纳贝隆的建造计划之前，必须将土壤清除。被清除的泥土必须留在公园内，它们非常适合制成一系列小丘，再用干净的泥土覆盖。这些人造小丘使得建筑师可以在没有购买设施的情况下改变园区的景观。有些地方遍布岩石，有些则满是沙子、浓密的灌木枝叶或形状不规则的浮木，还有柳树茅屋和草甸。

园内有两个特别突出的要素，重在让儿童掌握技能：枯树的再利用、公园的完全无障碍环境。纳贝隆在 1.5 英尺（约 0.46 米）高的环形木板路内有效利用了空间，运用了原有的已干枯的榆树。木板路的高度足以让儿童跳下去或藏在木板下面。这给幼童提供了一次克服可怕高度的机会。在公园的其他地方，纳贝隆也利用了枯树，把它们改造成了水平的攀爬设施。各设施不尽相同，其中有几个让儿童有机会爬到高处，在伸展的树枝上荡来荡去。对于经常造访公园的孩子来说，枯树那里是必须再去的地方，他们会不断尝试，努力爬上特定的高度（图 3.14）。

尽管未建造平坦的道路，残疾人在该公园的通行仍不受阻碍。纳贝

图 3.14　哥本哈根巴尔比公园内赫勒·纳贝隆设计的区域（2001 年建成）（赫勒·纳贝隆摄，赫勒·纳贝隆景观设计事务所供图）

隆希望盲人或需坐轮椅的人能走走泥路或鹅卵石小径，甚至能尝试走走通往山顶的盘山小路。她认为所有人，包括残疾人，都应该有机会接受挑战。她经常引用冒险游乐场的传奇故事作为其作品的一个重要启迪。她相信冒险游乐场可以让儿童"训练自己应对并克服未知"，因而试图"利用水、沙子、土壤、石头、植物、梯田和自然生长的材料中的隐藏空间来实现这一目标"[19]。

　　幼童是另一个不常有机会造访有趣的公共游乐场所的群体。通常为他们提供的是简单的设施，但很快这些设施便因为尺寸太小不再适合他们。Carve 是位于阿姆斯特丹的一家设计公司，曾负责设计了冯德尔公园的双子塔。作为一个成功的街头景观，冯德尔公园双子塔既强调了技能的掌握，又不会造成危险。在使用过程中，该街景有助于促进新的社群的形成，包括最年幼的儿童和最年长的老年人的社群。[20] 波特希特街（Potgieterstraat）的独特街景（图 3.15）也以优雅的方式起到了交通减速的作用，这是许多新型城市规划的核心目标。[21]

　　该项目始于 2007 年，于 2010 年完工。当地政府要求三家公司为一条交通繁忙的小街制定出修整方案。很快人们就发现，当地的利益相关者——各个年龄段的居民、担忧的父母还有一所学校——对街头景观有着各种各样的期待，有些期待还相互冲突。他们期待为该校（最终搬迁

图 3.15　波特希特街的街头游乐设施（2010 年建成），位于荷兰阿姆斯特丹，由 Carve 公共艺术设计公司设计（作者摄于 2012 年）

了）建造一个操场，还期待建一些包括足球场、滑冰场、水上乐园和篮球场在内的运动场所、绿地；保留 10～12 个现有停车位；规划自行车停车区。对于这 1500 平方米的地方来说，20 万欧元的预算似乎很少。

　　Carve 公共艺术设计公司不得不对这些常常相冲突的要求进行筛选。进行了广泛的走访后，该公司决定把街道改造为一个专门为儿童和老年人设计的娱乐空间。Carve 专注为儿童建造一个游戏的空间，同时为老年人打造迷人的座椅。Carve 的目标是想方设法将无向导的游戏融入儿童的生活中，同时也让儿童有机会尝试使用适合他们年龄的游乐设施。Carve 面临的最后一道障碍是（依据市政条例）说服附近约 1500 户家庭中 70% 的家庭支持该计划。通过向居民指出其计划契合当地社区珍视儿童和老年人的宗旨，他们最终成功说服了这些居民。

　　该项目建成的效果与用几个锥形路标表明是"游乐街"的效果大相径庭，极适合 6～18 个月大的婴幼儿。它纠正了一个常见问题：婴幼儿（即学走路的孩子）在游乐场地上参与度很低，即便是在专为 6 个月到 2 岁儿童简化了的游乐场地。这些儿童还不懂得在沙堆中玩耍，可能也不能稳稳地站立。他们需要测试自己的能力水平，但是游乐场大多有楼梯，他们可能无法应对，或者是底板过高。另外，婴儿需通过摔倒去学会站立。[22] 近期针对运动开展的研究表明，婴儿和幼童"总是在学习走路"[23]。对于婴幼儿来说，重复便是在掌握技能。[24]

　　该游乐街繁华而吸引人。波特拉特街这条狭长街道的两侧分布着各式房屋。自行车是唯一允许通行的交通工具，自行车道与房屋平行。"游乐街"被分为两段，因而使得每个区域短边的长凳数增加了一倍。游乐场未使用围栏，而是利用在长凳上休息的人来防止儿童随意跑出。晚上，附近年长的人可坐在此处和朋友聊天。儿童在玩耍时，保姆也能坐在这里休息，若儿童需要帮助，他们就在附近，但距离又足够让儿童独处（图 3.16）。

图 3.16　波特希特街街头的游乐设施（2010 年建成），位于荷兰阿姆斯特丹，由 Carve 公共艺术公司设计（作者摄于 2012 年）

游乐街两端的铺面上有一些突起的小山丘。整个铺面由 EPDM 橡胶颗粒制成，这是一种由再生材料制成的合成橡胶。任何幼童（或是爬行的婴儿）都应该能在这些坡度平缓的小山上面爬上爬下。起伏的铺面寓意不同高度和宽度的山丘，儿童可反复攀爬且能不断更换路线。有些小山很大，儿童可躲在其后。其他设施（如嵌入式的小蹦床、隧道和一个带围栏的平缓滑梯）也可供各种年龄段的儿童使用。小孩子可在短距离内独自行走，对 8 岁或 10 岁以下稍大些的孩子来说，这种铺面很适合用粉笔作画或记录他们发明的游戏。他们也喜欢在突起的小山上闲逛、在蹦床上蹦蹦跳跳，或是通过传声筒交谈。

一些美国城市正在思考如何将偏远的尤其是贫穷的地区与市中心联合起来。在纽约州的锡拉丘兹（Syracuse），Marpillero Pollak 建筑设计事务所参加了"主干道运动：健康主干道设计竞赛"，获得荣誉提名。虽未获得最高奖项，但他们试图展现该地区的自然环境和经济的发展史，包括盐沼和自行车制造业的发展史，因而带来了积极的影响。他们还设想沿着怀俄明街（Wyoming Street）建造一条城市步道，这条步道是原工业区（"邻西工业区"）的主要街道，该工业区长期以来因一条高速公路和一条被污染的运河而与市中心隔离开。他们设计了一个轮廓蜿蜒的公园，园内有草丘、岩石、植物和水域（图 3.17）。

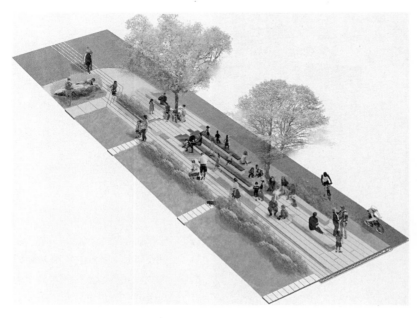

图 3.17 纽约州锡拉丘兹举办的"主干道运动：健康主干道设计竞赛"（2013 年）参赛作品的街景展示，由 Marpillero Pollak 建筑设计事务所设计（Marpillero Pollak 建筑设计事务所供图）

　　Marpillero Pollak 建筑设计事务所发现了建造城市步道的可能性，它为怀俄明街指出了一种可以穿越交通拥挤、污染严重地区的安全途径。这条步道与怀俄明街不同，是一条穿梭于其间的新道路。步道两侧种有天然植物。设计师们希望有很多地方可供居民驻足、休息和聊天。他们希望为儿童和老年人打造"游戏箱"。这些箱体除了有座位外，还具备形状自由的物体（如不规则的岩石），儿童可攀爬或跳跃来测试自己的能力。也可能有一些半私密的角落供玩耍，目的是创造不同的形式使居民可在步道内玩乐，在有效激活怀俄明街的同时，还能提供去往城市其他地方的入口。

　　Marpillero Pollak 建筑设计事务所的参赛作品同本章中的其他项目一样，展现了失败和成功的双重性：一个场地可以是有吸引力的、宁静的，但其中须存在不安、未知的空间。不应让儿童在看过游乐场之后就能知道确切的路线，或是预见到自己能取得的成绩，应时刻创造一种结果未知的感觉，同时提倡失败后应继续尝试直至成功。这些项目以及含有某种风险的项目都是简单易懂的，且正如我们所看到的，它们通常造价适中，适合各年龄段的人。当我们试图将执行功能赋予公共领域时，我们想做的事情变得更加抽象，有时会难以明确。

第 4 章　培养执行功能

当代许多关于儿童神经认知发展的科学研究都集中在"执行功能"上。执行功能与大脑前额叶皮层的神经回路相关，它不是一个单一的行为，识别特征也不止一个。[1] 执行功能是一个流动的概念（与游戏并无二致），具有若干不断演变的定义。尽管存在一些差异，但大多数研究人员都认为执行功能涉及自我控制、延迟满足以及忽视干扰、坚持完成任务和摒弃冲动行为的能力。[2] 他们还认为，执行功能包括多线程工作、建立心理联系以及灵活的思维。执行功能的范畴包括排序、规划和解决问题。阿黛尔·戴蒙德是研究执行功能最杰出的科学家之一，她试图通过建立一个双管齐下的分层定义来简化涉及执行功能的讨论。她区分了主要的核心执行功能（抑制控制、认知灵活性和工作记忆）及其带来的包括解决问题、推理和规划等的综合成就。[3]

行为中的执行功能

有研究人员称，执行功能对于学业成功、情感健康以及事业有成、婚姻长久至关重要。[4] 戴蒙德及其同事表明，执行功能超过阅读和数学，成为幼儿学业成功的关键因素。[5] 其他研究人员则将执行功能与"社交共情能力"联系起来。[6] 有证据表明，在执行功能测试中表现良好的 8 岁儿童成为青少年后，在团队中能够更好地解决问题，且能够独自以更好的方式解决与父母的矛盾。[7]

还有一些心理学家未直接写到执行功能，他们研究的是自我控制。马丁·E. P. 塞利格曼（Martin E. P. Seligman）和安吉拉·达克沃思（Angela Duckworth）曾经写过关于自律如何影响成就的文章，预测学习成绩时，应重点考察自律能力，而非智商。[8] 想想沃尔特·米歇尔（Malter Mischel）及其在 20 世纪 60 年代末 70 年代初著名的棉花糖实验：米歇尔让 4 岁的儿童看着 2 个棉花糖，他们可立即吃一个或者等到去"办个事"

的研究人员回来，再获得 2 个作为奖励。米歇尔追踪调查了这些儿童，在 20 世纪 80 年代他们成长为青少年时进行了调查，并在他们成年后再次进行了调查。那些曾克制自己的人都在教育、经济和社交上取得了成功[9]。这些心理学家证实了可追溯到 20 世纪初的理论，当时列夫·维果斯基提出动机、认知与自律紧密联系在一起。[10]

新的成像技术为我们提供了更多关于执行功能如何形成、在哪里形成的信息。例如，我们知道前额叶皮层是应对变化的最佳区域，一位名为保罗·图赫（Paul Tough）的记者总结了其中的原因："前额叶皮层比大脑其他区域对干预的反应更灵敏，在青春期和成年早期它仍十分灵活。"[11] 我们也略微知道其运行机制：背外侧前额叶皮层的发展和改善能够有效刺激腹内侧前额叶皮层，从而获得满足延迟。[12] 简单说来，前额叶皮层的作用一般认为与直达目标相关，而前扣带皮层需由认知控制激活。[13]

游乐场地似乎是个不利于鼓励自我控制或延迟满足的场所。毕竟，关于抑制控制的争论看起来像是儿童等待机会爬上桩子和甲板的一种认可。但是，这种默认思维否认了执行功能的复杂性。布鲁克林大桥公园中引起强烈反对的金属圆顶就是一个很好的例子，它说明了延迟的满足感能在开放空间里发挥作用。若圆顶被保留下来，其表面过热时，儿童将不得不评判这一问题，想出一个替代的活动，直到它冷却下来。

我们常怀念 20 世纪五六十年代那些能够四处游荡、一起自娱自乐的儿童。就算我们对那些时代的欣赏可能有所夸大，我们也能认识到儿童是如何锻炼执行功能相关技能的。那时的儿童合作建堡垒或剧场时，他们专注而灵活。他们全神贯注于自己正在做的事情，构思自己的脚本。他们通过非正式的办法决定建造的东西，他们会一起决定谁将管理哪项工作，以完成最终任务。抑制控制以及认知的灵活性在共同合作、学会妥协、坚持工作的过程中显而易见。相比之下，如今的桩子和甲板未能带来无意识的或未知的结果，也不能迫使儿童一起合作。对于游乐场地上可以体现执行功能的认知使我们了解到，让锻炼执行功能的机会回归游乐场地并非不可能，也不麻烦。

使用水与火：澳大利亚和挪威

在挪威和澳大利亚这两种截然不同的文化背景下，当地需求决定了设计师应如何打造儿童须实现自我控制、详细规划的区域。

挪威特隆赫姆的一所名为舍姆路幼儿园（Skjaermveien Barnehage）的日托中心兼幼儿园想丰富他们的游乐场地。[14]那里已经有一座山（山在挪威的游乐场上随处可见），可供攀登、滑行和滑雪。有秋千，有大多数幼儿园建筑上都具有的高而长的屋檐，在屋檐下，最寒冷的天气时，幼儿在婴儿车里打盹能受到些许庇护。

但那里缺少一个区域，让儿童能在划分好的空间里安静地玩耍、听故事、围坐在篝火旁、烤三明治做午餐。奥斯陆一家公司——Haugen/Zohar 建筑设计事务所（在特隆赫姆设计了洞穴游乐场的公司）提出设计一个篝火屋，该设计复杂却聪明，并且致敬了散布在挪威各地的草皮小屋，它能让孩子养成自我控制的重要技能。该项目于 2009 年完成[15]，是当地"百分比艺术倡议"项目资助的又一个工程。再一次，这笔 35 万挪威克朗（约合 6 万美元）成为良好的投资。儿童可以待在这独特的艺术品中，实际上在挪威人们会积极利用户外空间，这些孩子每天都在篝火小屋内玩耍。[16]

建筑师们受益于附近便宜和富余的材料。为利用当地的木结构建筑，他们从附近的建筑工地要来了废弃的木材。他们指定使用了 80 块松木板，并用橡木板隔开，橡木板的长度随着高度的增加而减小。[17]该圆锥形小屋（直径约 4.6 米）随着高度的增加而变窄，同时变得有些不规则，直至到达 4 米高的顶端。小屋的外观与冬雪融为一体，光线透过木板之间的缝隙进入室内。小屋的中央是一个火坑，上方有一个不在中心位置的孔。这个孔与墙壁的空隙一齐提醒儿童：大自然就在外面。混凝土底座支撑着木墙，使之稳定牢固，同时环绕着火堆，形成一个形状不规则的平台，供儿童坐在火堆旁聊天。整个布局就像美国人普遍了解的篝火场地（图 4.1）。

除了这种"露营式"的体验，在小屋里进行的其他任何活动都与美国游戏场上的活动不同。中午，儿童穿上滑雪装，成群结队跋涉到"篝火屋"。孩子们都带上了午餐，通常是奶酪三明治（图 4.2）。他们进入小屋，找个地方和小伙伴坐在一起，然后拿出午餐。想烤三明治的孩子可以将三明治放在火坑上方的烤架上烤，会有教师教导孩子如何操作。教师看护着儿童，但靠近篝火使他们能学到东西，比如怎么利用火、如何取回午餐，以及什么时候能在小屋里坐着聊天（图 4.3）。任何观察他们的人都会发现，这些孩子在约束自己、谨遵指示、坚持完成任务、努力达标。他们兴高采烈地交谈，有时甚至创造出了一种联欢的氛围。

图 4.1　舍姆路幼儿园内篝火屋（2009 年建成）的外观，位于挪威特隆赫姆，由 Haugen/Zohar 建筑设计事务所设计。该项目获评《建筑评论》2009 年 AR+D 新兴建筑方案之一（Haugen/Zohar 建筑设计事务所供图）（彩图 4）

图 4.2　舍姆路幼儿园内篝火屋（2009 年建成）的外观，位于挪威特隆赫姆，由 Haugen/Zohar 建筑设计事务所设计。这些 4 岁的孩子来到小屋吃午餐（作者摄于 2012 年）

图 4.3 舍姆路幼儿园内篝火屋（2009 年建成）的内部，位于挪威特隆赫姆，由 Haugen/Zohar 建筑设计事务所设计（作者摄于 2012 年）

在世界的另一端，美国 PWP 景观设计事务所与 Johnson Pilton Walker 建筑设计事务所合作一个项目，促使儿童探索他们与水的关系。其建造的岬角公园（预计在 2015 年开放）位于悉尼商业区西边的巴兰加鲁开发区（Barangaroo），是一个很有争议的、巨大的综合体项目中的一个组成部分[18]。19 世纪，这里满是工业码头，卡地哥（Cadigal）人早期隐居于此。20 世纪 60 年代，集装箱船厂占据着这块土地。

巴兰加鲁项目通过增加文化中心、充足的休闲娱乐空间以及地下停车场，意在振兴这已不复存在的工业区。岬角公园将是该重建区的主要绿地。由于没有政府建造的游乐场，设计师们考虑把整个公园（占地约 6 公顷）打造为家庭聚会的场地。该公园海拔超过 35 英尺（约 10.7 米），除了小径、草地和楼梯，设计师加入了从这个工业废弃地挖掘出的霍克斯伯里（Hawkesbury）砂岩，对 1 万多块挖出来的石头在现场进行了切割。这不仅减少了运输成本，还保留了公园内的资源。一条新的砂岩墙将沿着 19 世纪的海岸线延伸。

部分淹没在海里的、巨大的砂岩块将沿着新的、延伸的海岸排列。这些"瀑布"状的砂岩块一直铺设到潮汐池，大人须努力教会孩子如何与水互动，儿童将学会自我约束和自我控制，同时体验这一处尊重他们和传统风景的场地。这些"汀步石"砌块很好玩、很吸引人，它们让人想起 20 世纪中叶阿尔多·凡·艾克在阿姆斯特丹的微型公园上使用的小型但非常成功的混凝土或木质汀步石。

工作记忆与认知灵活性

工作记忆指的是在大脑中保留大量信息，以便随着时间的推移不断地重新整理、更新。认知灵活性是指能够考虑不同的观点，并可能综合这些观点的影响，以新的眼光看待事物，得出新颖结论的一种能力。它也意味着拥有一种能够"运用偶然性"的灵活视角[19]，能在复杂任务之间转换或切换[20]，并能抓住意想不到的机会。[21]综合来看，工作记忆和认知灵活性都有利于培养创造力，这对游乐场地产生了深远的影响。我们发现，有无创造力是由我们如何对待一项任务来决定的。工作记忆和认知灵活性为激发创造力奠定了基础。一旦我们理解了这一点，我们就能认识到那些吹嘘能增强儿童创造力的静态设施名不副实。

当我们想要面对和整理思路、摆弄实际物体以制作有创意的作品时，便又被带回了冒险游乐场。亚历克斯·吉列姆（Alex Gilliam）在费城开办了一家公共工作坊（"拥抱偶然性"），他以英国冒险游乐场的传统为基础，并重新进行诠释。他获得了几笔赠款，其中有一笔来自特拉华（Delaware）河谷绿色建筑委员会，用于打造一个让幼童运用活动组件的场地。吉列姆的做法是雇用和召集青少年。在某项目中，他雇用了高中生和大学生，将他们称之为"建筑英雄"，在费城的费尔蒙（Fairmount）公园创造多样化的环境。[22]2013 年夏天的大部分时间里，他们在此工作，建造了一系列斜坡、夹层和高台，大多围绕着树木或树桩进行建造。该冒险游乐场毗邻历史悠久的史密斯游乐园（因一个适合所有年龄层的、经过精心修复的古老室内木滑梯和一个适合幼儿使用的室内交通游乐场而闻名），是一个基础设施，任何儿童（约 8 岁及以上）在这里都可以移动木头，学习使用电动工具在已有环境里添加事物。吉列姆采用双管齐下的做法，首先教大一点的青少年如何建造，允许小一点的孩子稍后来到现场进行尝试。该模式十分有效，似乎比只与"垃圾"打交道更有目的性、重点更突出，更有可能被美国人接受。

日本如今是冒险游戏的"指路明灯"，自20世纪70年代以来，日本一直在创造自己的冒险游乐场。20世纪70年代末赫特伍德的艾伦夫人的《为玩耍而规划》被翻译成日语，以及联合国宣布1979年为"国际儿童年"都可能激发了这场运动。[23] 目前，定期运行的冒险游乐场（"游乐园"）有70多个，偶尔运行的冒险游乐场超过了100个。日本的冒险游乐场与全球其他冒险游乐场相似，儿童会积极运用"活动组件"，因而工作记忆和认知灵活性成了他们操作、排列、重组、建造和拆卸的基础。这些游乐场似乎在唤醒他们最基础的本质、使用"可操作材料"以及提升游乐场员工（也称"游戏教练"）的长期领导能力等方面特别在行。

新宿区（Shinjuku）的富山（Toyama）游乐园（新宿区还有3个冒险游乐场）是其中的典型。20世纪90年代末，附近住户想让户外游乐场聚集在一起，于是向当地政府发起了情愿。他们了解到了冒险游乐场的具体内容之后，便把建造这种游乐场作为自己的目标。家长们把重点放在了富山公园，尽管那时它还是无家可归者的避风港。经过多年的努力和协商，他们获得了官方的许可，2006年还从政府得到了一些资助。当时，他们第一次雇用了两位全职游戏教练，他们的薪水由富山的家长协会和新宿区政府共同承担。

首次尝试创造新事物15年后的今天，当时的一些家长（如今他们的孩子已成年，他们有时会搬到城市其他地区居住）自愿维持富山游乐园协会顺利运转。日本冒险游乐场协会重申了这一点，称该游乐场呈现的是基于公民和政府之间的经济合作关系的一种民众自觉。该项目的成功肯定了阿姆斯特丹市在阿尔多·凡·艾克设计社区游乐场之前所坚持的"自下而上"的做法。有一户人家购买了毗邻公园的房子，以便他们的3个孩子能够随时去公园玩耍，这进一步证实了日本的成就。[24]

日本冒险游乐场的布局与欧美的不同。日本冒险游乐场通常被设置在历史悠久的大型公园中，这使得游乐园有良好的遮阳。许多冒险游乐场没有围栏，24小时开放。儿童学习如何使用工具，明白须对自身行为负责。例如，大一点的孩子学会使用锯子后，通常会教小一点的孩子如何使用它。园内经常会生起篝火，儿童必须锻炼自我控制能力，学会在

图 4.4　日本东京的羽根木游乐园。这是日本历史最悠久的冒险游乐场（作者摄于 2013 年）

什么时候做饭，可以做哪些美食。在富山每年的十月节中，即使是学龄前儿童也知道什么时候该把红薯扔进火里。

　　羽根木（Henegi）游乐园，是世田谷区（Setagaya）的四个冒险游乐场之一，也是日本历史最悠久的冒险游乐场（图 4.4），展现了冒险游乐场与公园的共生关系。本案例中的羽根木冒险游乐场位于 17 英亩（约 6.9 公顷）大的羽根木公园内，园内还有运动场和一个游泳池。由于儿童可自由地去往公园的任何地方，他们有时会把施工材料带进附近的树林，因而公园的一位管理人员说，他在离冒险游乐场很远的地方发现了一个有趣的建筑。最近，公园内一座永久性的建筑对外开放，它既是社区资源，也是父母让孩子自由玩耍的地方。新建筑位于公园入口附近，采用的建筑结构不高，侧面有开孔。儿童在游乐场玩耍时，家长可在此等候、休息（图 4.5）。

　　儿童和游戏教练用古木块搭建奇幻的高楼，有些有两三层楼高，这很好地体现了儿童如何调动自己的工作记忆和认知灵活性。孩子们也

图 4.5 东京的羽根木游乐园。在日本，儿童在冒险游乐场里生火做饭是很平常的事（作者摄于2013年）

会挖深水沟，然后让水顺流而下。这些"河流"需进行规划：多大水流能快速流过？要做多深的河岸？打算放什么在水上航行？大孩子在创造水道的时候尤其喜欢弄得满身是泥，他们的快乐显而易见。比如川崎市（Kawasaki）的梦（Yume）公园内，那里的景观几乎全由泥土打造，儿童在泥土中、在河道里跳跃着的快乐也是写在脸上的。这些释放压力的设施也可能有医学价值。据阿黛尔·戴蒙德分析，压力会改变前额叶皮质的化学平衡，产生过多的多巴胺和去甲肾上腺素，导致执行功能不能正常发展。[25]

在羽根木和富山，游戏教练表现出非凡的能力：像教师，像指导员，还像辅导员。在孩子受伤时——不经常发生，但大家都知道有可能会发生——他们会扮演一个特殊角色。在羽根木有一句名言："负责任地自由玩耍"，所以孩子们明确知道自己必须寻找内因。如果发生了问题，游戏教练将与孩子一起查找哪里出了问题。这样做的目的不是责备孩子，而是帮助儿童发现错误，避免将来发生同样的事故。这种管理模式非常有效，这也解释了为什么许多以前来玩耍的儿童长到已不适合在此玩耍的

图 4.6　东京的西六乡公园（轮胎公园）（作者摄于 2013 年）

十几岁时，仍经常回到冒险游乐场，寻找自己最喜欢的游戏教练，希望得到他们的指导和建议。冒险游乐场大多都位于不那么豪华的地方，游戏教练会提供别处无法得到的客观建议。在英国许多游乐场地也可以看到这种同样有影响力的现象。儿童常回到这些地方，与游戏教练保持着持久的友谊。还有种情况是，儿童长大了，但从未离开，他们从助手变成了志愿者，然后变成了游乐场的员工。[26]

　　废弃材料，即汽车轮胎和卡车轮胎，是东京神田地区的轮胎公园（西六乡公园）的主角（图 4.6）。这也是 20 世纪 60 年代开始的基层开发项目，这预示了美国 70 年代的轮胎游乐场浪潮。当时的拥护者赞赏轮胎游乐场具有多种功能，而且原材料取用便捷。毕竟，从城市垃圾场或汽车经销商那里获得的轮胎都是免费的。[27]20 世纪 80 年代，在东京，外表凶恶的龙以及米其林大叔成了永久性的形象。对于当地的儿童来说，该公园提供了一个广受欢迎的"障碍训练场",也许是得名于那些永久嵌入地面,作为各个施工场地的围栏的轮胎。该公园似乎不由市政府管理,也不清楚是谁在进行维护。它将自然形成的游乐场地和本土设计的理念结合在一起。

在轮胎公园里,儿童调用工作记忆或认知灵活性的能力不如在冒险游乐场上那么好,但仍然能锻炼这种能力。儿童可将轮胎移动到任何地方,并且用它们搭建一些大型物体。儿童可以把轮胎放在宽阔的滑梯上,也可以把它们作为在沙坑玩耍的重要道具。有些孩子喜欢跑步、跳跃或荡秋千,公园也对如何以及在哪儿进行这些活动进行规划。没有树荫,儿童必须合理分配时间,以便在最短的时间内完成最庞大的搭建工程。

利用新材料:德国和美国

并非所有的冒险游乐场都利用了废弃品。位于柏林附近,普伦茨劳堡区(Prenzlauerberg)的科勒 37 号(Kolle 37)注重的是仅使用木头搭建"建筑"。[28] 该游乐场地的服务对象为 5～10 岁的孩子,但也吸引了一群 11～12 岁的孩子常来玩耍(图 4.7)。科勒的建造理念是追求永恒和高度,儿童须想办法实现这一目标。园内有教练指导孩子们如何识别经久耐用的物品,以及如何不断地测试受力情况。其中一些"房子"有两三层楼高。公园的管理人员每年一次拆除这些建筑,方便儿童在密集的建筑物区域继续搭建。其安全记录看起来与普通游乐场并无差异。

两德统一前,科勒 37 号位于民主德国,它始于 20 世纪 80 年代,那时会有教师和艺术家带着便携式的游乐场和艺术空间走遍整座城市。现在的永久性科勒游乐场可追溯到 1990 年。围栏将科勒游乐场与附近的居民区隔开,但从游乐场能看到附近的商店和咖啡馆,因而没有被隔绝。它融入了社区,任何人,即使是没有孩子的居民,都可以随时进去游览。它与俱乐部,以及带有人造山、篝火区、社区花园的大公园一起构成了一个有机整体。多种族聚居的该地区已经开始贵族化,但这对科勒 37 号并没有造成威胁。

该游乐场的成本并不是特别高,但在冒险游乐场领域还是有点高。科勒 37 号从建筑公司购买了大部分材料,附近居民提供了少量材料。该区(类似于美国较大城市中的某个行政区)承担了员工的薪资和部分建

图 4.7　科勒 37 号游乐园，位于柏林的一个冒险游乐场（摄于 2006 年，Nils Norman 供 图。冒险游乐场与游乐景观档案馆保存）

筑材料的费用（约每年 12 万欧元），但科勒 37 号必须每年筹集 3 万～4 万欧元来维持运营。他们提供自行车租赁服务；向在游乐场内举行聚会的游客收费；为学校或幼儿园提供专门课程。

　　工作记忆在扮演这样一种角色，它使儿童牢记哪些材料和工具可以使用，他们要抑制那种先做简单或临时搭建的工作，因为从长远看这会影响最终建筑的成功。儿童通过回忆过去在游乐场上遭遇失败的地点和原因，从中吸取经验教训，从而进一步激发工作记忆。他们须不断思考哪些木材可起到支撑作用，并随时运用这些信息。如果某一材料不适用，他们要灵活改变自己的计划，寻找另一种材料。

　　基于活动组件的游乐场甚至进入了美国市场，由戴维·罗克韦尔（David Rockwell）领导的跨学科设计公司罗克韦尔集团引进。[29] 罗克韦尔发现，他的两个年幼的孩子在家里比在户外更活泼、更具创造力。他注意到孩子在家会拆开盒子和堆积在一起的罐头，但是在当地的操场上他们几乎没有机会改变环境。他开始相信自己作为一名设计师可以在市区里进行改革。他在一个恰到好处的时机找到了纽约市公园与游憩部，当时的公园管理专员阿德里安·贝内普（Adrian Benepe，现任公共土地信托基金会高级副总裁兼城市公园发展部负责人）已在公园与游憩部工作了很长时间，而且见证了有趣的运动场在不断减少的事实。当时他已使公园与游憩部致力于将沙子重新带回城市游乐场。他的创新精神感染了他的下属，特别是助理专员南希·巴托尔德（Nancy Barthold）。

　　纽约市同意提供场地，并与下曼哈顿开发公司合作，提供建造资金。联邦住房与城市发展部也提供了一些资金，专门用于在 9·11 事件后将各家庭安置在原世贸大厦附近。罗克韦尔集团不收取任何报酬。如同其他城市公园、游乐场的情况一样，公园部门同意进行维修，并承担连带责任和日常费用。"比尔林滑道"（Burling Slip）这个地方特别有吸引力，它位于历史悠久的南街海港区，区内集旅游景点、老年人公寓、租金设限的中产阶级住房和新的高级公寓于一体。

　　在开始设计之前，罗克韦尔集团对游戏、游乐场以及拟建场地的历史进行了认真的研究。他们咨询了儿童发展专家，并广泛征求意见。纽约市立大学儿童成长环境研究小组的罗杰·哈特（Roger Hart）强烈推荐罗克韦尔考虑运用活动组件和游戏教练。罗克韦尔集团委托它的设计团队创造出包含这些要素的作品。也许更有利于公园未来发展的是，戴维·罗克韦尔筹集了 180 多万美元并捐赠给游乐场员工。在美国的公园赞助中，建立捐赠基金从而减少游乐场员工流失的做法，似乎还是一个新事物。

　　"想象力游乐场"永久开放，其总体设计以细长的数字 8 为基础，将场地分成了两半，一边是"干燥"的设施，如沙子、滑梯以及供跑步的长斜坡。坡道有许多隐秘的空间可供躲藏。附近的起重机、皮带轮和沙子又提醒了人们该地曾经与海洋的联系。另一边是"潮湿的"，有喷泉和低矮的圆形剧场座椅。儿童可以轻松地将两边的沙子和水汇集在一起。

　　用作公共卫生间和储藏室的小屋位于两个区域相遇的地方。这个现代化的小屋存放着"活动组件"。罗克韦尔集团专门为该游乐场设计了独特的水桶和手推车。不同几何形状的亮蓝色活动组件由可生物降解的泡

沫制成，是标志性的游戏用具。游乐场员工（现在称为"玩伴"）要确保
每天将活动组件取出来并回收。[30] 这些员工的主要工作是确保游戏活动不
要失控，他们温和地劝告父母坐在一边，让孩子在没有父母指导的情况
下进行团队协作。

　　儿童可独自或与伙伴一起堆叠泡沫块。随着楼体越来越大，儿童将
更加注重团队协作。在团队确定搭建完成之前，他们都必须克制自己不
要破坏了楼体。如果一些泡沫开始向下掉，他们必须快速思考这是不是
由于支撑不稳固造成的。儿童必须利用工作记忆来计划下一步行动。方
案很多，什么时候完工全由孩子决定。结果表明，这种方式让儿童感到
自由不拘束。他们积极行动、反响良好，因为他们看到了其中的无限可
能，而不是无法企及的完美。[31] 他们还创造了富含寓意的游戏，制定奇妙
的脚本，彼此交谈，这一切都有助于执行功能的发展。[32]

　　游乐场取得成功后，罗克韦尔集团现在正在打造"盒子里的想象力游
乐场"（图 4.8）。公园管理部门和儿童保育机构现可购买防水的泡沫块，
这些泡沫块可装进单独的袋子、盒子或推车里。罗克韦尔每年会增加不
同形状的泡沫块，保持游戏的吸引力。泡沫块费用不到 1 万美元，却能

图 4.8　盒子里的想象力游乐场（2010 年建成），由罗克韦尔集团设计。这是早期测
试泡沫块游戏模式的一处游乐场地（Robert S. Solomon 摄于 2008 年）

改变游乐场的外观和游客体验，成本相对来说较低。也许更有意义的是，成套用具赋予了儿童体验的机会，以及在冒险游戏场中感受自主独立的魅力。作家尼古拉斯·戴（Nicholas Day）针对这些模块与标准设施的相似性指出，成套的活动组件可能是唯一的解决办法，既可以不再仅使用成品设施，又能打击不合理的投诉。[33]

目前在 20 多个国家都能看到这种盒子里的想象力游乐场，但纽约市的轶事或许最能说明它的影响。助理专员巴托尔德指出，产品新上市时，纽约市购买了两个盒子，把它们放置在了低收入地区，之后他们又添加了几个盒子。没有任何泡沫块或盒子被故意损坏或被盗。当她清晨查看其中一个场地时，她发现几个孩子坐在一旁等候，他们不想在普通器械上玩耍，而是安静地坐在旁边，等待员工过来取出泡沫块。这些泡沫块与课堂上使用的小型几何物体相似，它们经放大后用于户外的场地，显然已转变成了更具有活力的东西。

著名景观设计师肯·史密斯（Ken Smith）也一直在思考如何利用活动组件改善公共空间。2009 年，他率先创造出了以伪装为基础的活动组件系列产品。目前虽尚未投入生产，但史密斯的创意说明使用活动组件能帮助儿童培养关键的执行功能，例如组织或重构物件之前要在脑中同时记住好几件事的能力、解决问题的能力以及规划的能力。[34]

在史密斯看来，伪装是藏身、隐瞒和揭露的一种隐喻。在以前的项目中，包括加利福尼亚州尔湾市（Irvine）的橘郡大公园以及纽约现代艺术博物馆的屋顶花园，他探索过这种理念。在 2006 年完成的现代艺术博物馆项目中，他提出使用不需浇水的轻质材料，高度不到 3 英尺（约 0.9 米），且利用了博物馆已有的白色碎石。史密斯设计的花园内满是固定的人造"活动组件"——例如碎玻璃、人造黄杨树、人造岩石以及回收的黑橡胶。该花园是个半遮掩的附加物件，它装扮了屋顶，但大多数游客看不到，这种模式模糊地体现了伪装的理念。

伪装似乎很适合儿童，在他们看来，捉迷藏仍然是最自发和最不受年龄限制的游戏之一，他们认为户外环境有助于开展这些活动。在史密斯的构想中，还应包括一个存放东西的游戏室，"伪装式景观"（CamouS-CAPES）不是由伪装的颜色或图案打造的，而在于孩子（尤其是 5 岁以下的孩子）如何运用这些部件，他们能否将小物件藏起来或卡在其他物品之间，或是自己躲在大物件的后面。他设想的部件非常轻，由旋转塑料或模制泡沫制成。有些"伪装工具"（CamouTOOLS）是桶、铲子和沙子

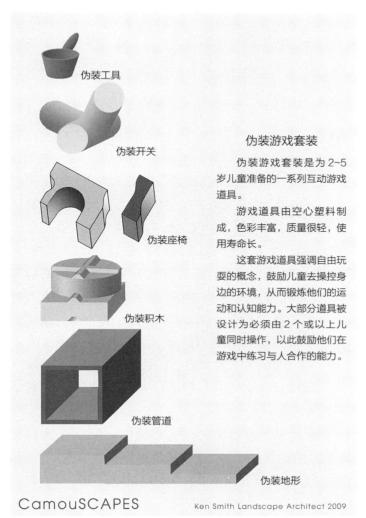

伪装工具

伪装开关

伪装座椅

伪装积木

伪装管道

伪装地形

CamouSCAPES

Ken Smith Landscape Architect 2009

伪装游戏套装

伪装游戏套装是为 2~5
岁儿童准备的一系列互动游戏
道具。

游戏道具由空心塑料制
成，色彩丰富，质量很轻，使
用寿命长。

这套游戏道具强调自由玩
耍的概念，鼓励儿童去操控身
边的环境，从而锻炼他们的运
动和认知能力。大部分道具被
设计为必须由 2 个或以上儿
童同时操作，以此鼓励他们在
游戏中练习与人合作的能力。

图 4.9　Ken Smith 景观设计事务
所设计的"伪装游戏"原型（2008
年）（Ken Smith 景观设计事务所
提供图）

筛的变体。"伪装积木"（CamouSTACKS）呈简单的几何形状，有圆、方
格和三角形等。如果按钢纹拼在一起，这些积木可堆叠成很高的高度。
"伪装地形"（CamouTERRAIN）的部件可呈现楼梯、坡道和高地等不同
的"景观"。史密斯希望，最后一种部件能被翻转过来使用，成为"摇杆"
或船。"伪装积木"和"伪装地形"的部件很大，以此鼓励儿童之间团结
协作（图 4.9）。

史密斯设想生产各部件时配以各种不同的颜色，在每一个场地都能
获取任何数量的不同部件。购买者可"混合搭配购买"。然后，儿童在脑
海中构想各种可能性，可搭建出需深思熟虑才能维持其平衡的结构，且

能提供宽阔的藏身之处。在这里以及盒子里的想象力游乐场，抽象的物体鼓励儿童在户外环境中创造出特别的场景。这些小范围的初步研究呼应了我们的猜想：儿童在探索活动组件的可能性时，可能会更愿意运动起来 [35]，同时在游戏中他们可能还会更愿意交朋友。[36]

社会戏剧性游戏

社会戏剧性游戏在提升执行功能中发挥的作用尚无定论，但它仍有可能促进执行功能提升。许多小调查验证了这一假想，但还没有针对对照组、随机选样的严谨调查或针对其他干扰的评估。[37] 尽管如此，我们仍可谨慎地尝试、观察社会戏剧性游戏如何为儿童的认知发展提供有用的机会。

假想游戏是维果斯基理论的核心，是目前基于维果斯基理论的课程——"心灵的工具"的核心。初步数据显示，该课程以角色扮演为基础，儿童需要记住其他人的角色，然后根据实际情况进行调整，调动工作记忆、抑制控制和认知灵活性。[38] 支持者认为，在维果斯基看来，儿童（6 岁左右及以上的孩子）需要游戏"为以后的成长培养创造力、自律以及其他必要技能"[39]。假想的逻辑是，儿童能描述发生在假设情景中的结局，但他们也能想到其他结果。[40]

当前的科学研究提供了进一步的线索来解释为什么"心灵的工具"课程（和假想一样）可能会受欢迎。科学家西尔维亚·邦奇（Silvia Bunge）推测，该课程有助于开发头外侧前额叶皮层这个控制专注力和目标设定的区域。该课程涉及许多选择，邦奇指出，选择反映了动机，而动机会在大脑中释放多巴胺。[41] 有一些数据来源于调查社会戏剧游戏本身的研究人员。在社会戏剧性游戏中，儿童会表达他们正在做什么，因而能进行自我调节，专注于一项任务。[42] 一起做假想游戏能让小孩子感受到共同的情绪。[43] 进行过角色扮演游戏的儿童能学习如何了解他人的观点。[44]

在公共空间组织角色扮演游戏可能有些困难，没有员工来维持就更困难了。设计社会戏剧性游戏的最佳方式是以反直觉的形式去呈现。如果孩子想成为消防员、马戏团小丑或是想骑马，人们可能会认为他想要去参观的地方应看起来像消防站、马戏团帐篷或牧场。事实上，实际设备（游艇、汽车或飞机）往往会限制想象力。如果我们想让儿童参与假想游戏，就须给他们大大的记事本，写下他们自己的想法。只有一点点细节的抽象表述最适合进行假想游戏。

图 4.10 伊丽莎白莫罗小学（1～4年级）操场的游戏屋（2007 年建成），由 Todd Rader+Amy Crews 建筑设计事务所设计，位于新泽西恩格尔伍德（Todd Rader+Amy Crews 建筑设计事务所供图）

在公共场所进行假想游戏，抽象化的游戏屋是一种简单且成本低廉的方式。在新泽西恩格尔伍德（Englewood），Todd Rader+Amy Crews 建筑设计事务所为伊丽莎白莫罗（Elizabeth Morrow）小学设计了一个游戏屋（2007 年建成）。该校委托这家事务所设计一个核心方案，将校园里的几栋建筑联系起来。学校的管理人员也希望将健身跑道（尚未建造）纳入方案中。该事务所承担了这些任务，并增加了一个游乐屋。他们避免了商业化制造中大多数游乐屋犯的错误——粉嫩的色彩、廉价的塑料以及具有性别指定的设计。

该游乐屋优雅宽阔，尤以简洁风格吸引目光（图 4.10）。其建筑结构仅由三分之二的浅木组成，只有前屋檐柱和侧屋檐柱上的动物雕刻能表明它是专为儿童设计的。[45]木头间的缝隙很宽，使光和空气方便进入室内。游乐屋前面，还有个舞台和几张桌子供野餐用。屋子的颜色被限制为只有芥末绿和深红色。这些颜色很抽象，几乎很难让人联想到房子，这便意味着儿童可想象自己在房子里，也可以想象这是火车站、学校的建筑或其他一次性建筑。入口很高很宽，因而也能将之想象成消防站或飞机库。很小的空间尺度促使儿童在想象时进行互动，这也意味着他们必须在紧凑的室内空间和更广阔的室外空间之间不断转换。

执行功能与运动

将执行功能与运动特别是有氧运动联系起来的数据，如今已经越来越令人信服了。我们知道，体育运动能"在分子系统、细胞系统和行为水平方面"[46]积极地影响年长者的大脑功能，我们也能开始了解到儿童（尤其是4～7岁和11～13岁的儿童）也可能从运动中受益，促进认知发展。[47]据认知神经科学专家莎拉·蒙罗（Sarah Munro）及其同事解读，"我们在思考时会启用认知功能和运动功能，但大脑不能识别它们之间明显的差异"。[48]有氧跑似乎能提高8～12岁儿童的认知灵活性。[49]运动如果能与精心安排的活动结合起来可能更有益，因此武术和瑜伽可能带来更多益处。[50]因目前缺少相关的研究，尚不清楚有组织的运动形式是否会带来相同的益处。[51]

经常做有氧健身的孩子在学习和认知控制方面表现更优秀，他们的"大脑组织更大，大脑功能更高效。……表现差异与神经差异有关，因此体质强和体质弱的儿童在基础神经节的大小上就存在差异。……大脑潜在的事件相关指数也有差异"[52]。在一项有趣的研究中，研究人员将这一信息应用到了模拟的街头十字路口，想看看在三种不同的情况下——无干扰、听音乐，以及用免提电话聊天的时候——体质强的孩子是否表现得更好。他们发现，体质强的孩子在所有情况下都表现得更好，但也提醒手机对所有孩子来说都是一种干扰，包括那些经常有氧健身的孩子。这些研究人员推测，总体而言，体质强的孩子更擅长同时处理多线程任务。[53]

学校如今被迫向学术方面投入越来越多的资源而忽视体育，但有研究表明，促进身体健康的活动不仅能改善身体素质，还能提升认知水平和学业成绩。[54]阿黛尔·戴蒙德同意这一观点，她写道："身体素质的提

图 4.11 日本东京昭和纪念公园内的 "充气山丘"，由高野景观规划有限公司、高桥史郎和帐篷制造公司小川技术共同打造（1992 年建成）（作者摄于 2006 年）

高能促进认知功能和大脑功能发展，前额叶皮层和执行功能最受裨益。" [55] 美国政府在 2008 年发表了《美国人体育活动指南》（*Physical Activity Guide lines for Americans*），号召儿童和青少年每天锻炼 60 分钟。政府建议，大部分活动应以有氧运动的形式进行，剩余时间可开展锻炼肌肉、强化骨骼（高冲击）的运动。[56] 有限的证据表明，如果孩子住在游乐场或操场附近，体育锻炼的次数会增加。[57]

　　最近的这些研究将会给户外空间规划带来积极影响。这些信息表明，标准活动设施创造的有限的活动功能看起来更加不足。我们可能需要在儿童玩耍的空间附近加入一些剧烈的体育活动。这些活动会是什么样子呢？在游乐场或校园附近设置一个舞台可能是个合理的想法。创意舞蹈和运动课程似乎能促进人们结交朋友。[58] 所有游乐场附近都可以有跑道吗？我们能提供跳绳和打篮球的场地吗？那么武术呢，比如跆拳道？ [59]

　　日本有一个案例可证明这是有益的。昭和纪念公园的"弹跳圆顶"（由高野景观规划有限公司设计）就是一个供剧烈运动的场所。无论长幼，人们都想在高度和耐力上超越对方，他们会因摔倒而大笑，但之后会再次尝试。它似乎很适合团体活动，比蹦床更具吸引力。这是一种充气的薄膜制品，高桥史郎教授（任职于多摩美术大学）享有这项技术的专利。高野景观委托他设计一系列的山丘（也称为"充气山丘"）（图 4.11），放置在昭和纪念公园里，紧靠堀内纪子设计的彩虹吊床、北川原温与中谷芙二子共同打造的"迷雾森林"。该建造项目由高野景观规划有限公司和帐篷制造公司小川技术（Ogawatec）执行，于 1992 年完成。该项目表明，各年龄段的人和各式家庭之间的共享空间可以充满活力，此外它还证明了有氧运动可以在没有传统体育设施的地方发生。东京的儿童都说去"棉花糖"上玩耍，这个名称体现了该设施的弹性和它所提供的特别体验。

　　虽然我们仍不确定有氧运动是否能增强执行功能，但其整体观点很可能成为游戏空间的评价标准。执行功能提供了新思路，可指导儿童如何操纵和创造自己的环境，以及我们应如何在儿童的娱乐场地增加自我规划和自我约束的考量。在下一章中，"收获友谊"将被纳入已很密集的游乐场的可能性中。

第 **5** 章 收获友谊

　　友谊似乎是一种显而易见的需求，儿童需要伙伴的陪伴，以交流恐惧与梦想，学会分享、妥协，在体力和创造力上互相较量。友谊可以促进儿童独立，有利于开展假想游戏，甚至有助于理解他人。天性善于社交的儿童通过结交朋友发出信号，表示他们愿意与父母分开。拥有朋友是早期与大人分开独立的一种方式。此外，拥有朋友（不仅仅是熟人）可以丰富假想游戏，让儿童以持续而复杂的方式沉浸其中。由于情感上的依恋，朋友之间（即使年纪很小）都试图通过谈判和妥协来解决分歧。[1]友谊对执行功能有一定影响，感到悲伤或孤独会损害执行功能的发展。[2]

　　但我们并不能想当然地认为友谊总是有益的。比如说，儿童与非亲非故的年长者之间的友谊必然会引起父母的警惕；孩子喜欢和小伙伴一起做的事情也会引起关注，父母往往很难认可打闹对儿童发展具有积极意义。

　　有效的游乐场设计不仅能促进承担风险、自我控制和解决问题等能力的发展，还能有助于维持友谊。小公园亦能丰富儿童与同龄人相聚的形式，也许还能让他们有机会与其他年龄段的人（包括老人）相处。极少数公共游乐区可供青少年、移民，甚至自然灾害的幸存者使用。

休息与打闹

　　美国没有制定儿童休息的政策，各州政府或各校校长都可忽略它。2012 年，有个州只得通过立法来确保儿童每天至少有 20 分钟的休息时间[3]。50 年来，我们一直在努力让儿童越来越早地开始学习具体的知识（特别是数学和科学）。[4]学校通常认为他们必须在学习和休息之间做出选择，而他们往往选择学习，因为他们相信这会让孩子取得更好的学习成绩。自 20 世纪 90 年代初以来，这种趋势已愈发明显。[5]如今，无处不在的标准化测试，特别是小学阶段的测试，已经造成了教育专家眼中的霍布森选择。①

　　同时（20 世纪 90 年代初以来），我们发现有越来越多的证据证明，儿童若能经常休息，学习效果会更好。日本学校和中国台湾学校的研究表明，每小时休息 10 分钟可以改善学习成果。[6] 儿童（尤其是男孩）在休息后更能集中注意力，小孩子需要多次休息才能完成学习。[7] 短暂的休息时间里也可锻炼社交能力。我们今天所知道的关于休息的信息大多来自 D. J. 比约克隆（D. J. Bjorklund）和 B. L. 格林（B. L. Green）在 1992 年提出的"认知不成熟理论"。他们认为，儿童需要休息，否则他们会进入认知超负荷状态，学习效率因而下降。[8]

　　我们目前正处于恶性循环中。儿童不能休息，学习效果很差，因此，教师认为他们需要通过做作业来强化他们正在学习的东西。但问题是，家庭作业耗时长，其效果似乎适得其反。[9] 缺乏休息或休息时间被限制，再加上过多的作业，孩子们正在遭遇他们不该承受的双重打击。另外，这两种趋势都将孩子困在了室内。2012 年，美国儿科学会发布了一份措辞严厉的政策报告，该报告认为，我们必须坚持"把休息作为一个属于儿童的非结构化但受监督的休憩时间，这是孩子在久坐、锻炼、创造或社交之间做出选择的时间"[10]。体育教育十分必要，但有别于休息。[11] 当儿童自由互动而不受限制时，"他们会学着采纳其他孩子的观点，理解并发出社交信号，并克制自己的侵略性"[12]。简而言之，休息有助于加强同伴互动，特别是在小学阶段。[13]

　　即使学校有休息时间，打闹也常常被禁止。追逐、摔跤和其他激烈的、"暴力的"运动形式（可视作打闹）对培养冒险能力有积极意义。[14] 大多数学校都禁止打闹，但令人意外的是，打闹有助于"约束攻击性行为"[15]。特别是男孩，打架和追逐可能利于他们的游戏中出现标记性而非攻击性的规则。[16] 如果将打闹定义为"精力充沛、竞争激烈且有身体接触的游戏"[17]，就会不那么令人反感或受到嘲弄，也就可能更容易被接受。

　　安东尼·佩莱格里尼（Anthony Pellegrini）是研究休息与打闹的专家，多年来他一直在明尼苏达大学的教育心理学实验室进行这两方面的研究。他认为，打闹是一种社交互动形式，可以维持友谊（特别是对男孩而言），

① 译者注："霍布森的选择"意为没有选择余地的选择。霍布森从事马匹贸易，他宣称：无论买马或租马，开价后即可在马圈中任意挑选，只要能把马牵出去。其实这是个圈套，马圈的门很小，能牵走的只有小马、瘦马。

应允许同龄人之间用肢体语言进行交流。[18]佩莱格里尼坚信，儿童知道打闹和不友善行为之间的差异。戏弄——极容易被视作霸凌——从儿童年满 11 岁开始，实际上也有可能有助于增进友谊。[19]"约 11 年间，"他写道，"大部分证据表明，绝大多数的打闹纯粹是玩耍，此外，若打闹确实变成真正的打架，这是由于缺乏社交技巧而不是有意识的操控行为。"[20]打闹与攻击行为是很容易区分的，因为打闹时参与者会大笑或微笑，他们并不生气或试图造成伤害。[21]打闹可能会促使朋友之间更加亲近。[22]

允许儿童在游乐场内打闹存在巨大的文化障碍。在美国和澳大利亚，教师都担心如果孩子受伤就会被起诉[23]，而儿童总是愿意打架而不是吵架[24]。美国人对游戏中的冲突或身体接触几乎无法容忍，而英国的游乐场员工则是被要求为水上打斗、摔跤提供材料。[25]我们倾向于忽略这样一种可能性，即校园可能是一个供打闹的最佳场所，学校可对其进行监控，父母因而不必担心孩子处于危险之中。与攻击行为（可在任何地方发生）不同的是，打闹的空间可专门设计[26]，它最好是一个宽敞而柔软的地方[27]，可以有单由橡胶制成的铺面，通常情况下是在一个坑里，这便是打闹的最理想衬垫，主要是因为打闹的儿童大多处于小学阶段。[28]

两个场地：学校和俱乐部

休息和打闹都涉及公共场所。如果我们放弃休息，那么我们也不会投资建造运动场。正如最近的规划（如纽约城市规划）所表明的，游乐场可以成为有价值的公共场所。那么我们怎样才能使校园更加吸引儿童以及社区的其他居民呢？

为布朗克斯的圣恩学校设计了桩子游乐场的建筑师凯蒂·温特（详见第 3 章）不断以作品证明校园也可以极富吸引力，并且具备多种功能。温特主要为教区里预算较少的学校提供设计服务，但她并没有被这些因素所限制，依然设计出了良好的、有效的游乐空间。例如，2005 年，她与同事查理·卡普兰（Charlie Kaplan）将一个停车场改造成纽约复活学校的操场（图 5.1）。该校要求建造人造草坪和一处攀爬设施。两位建筑师认为，放置在较低位置的设施可以安装在靠近树木的地方，以供儿童爬树用。他们按校方要求建造了人造草坪，然后将与人造草皮接壤的建筑侧面涂成亮黄色，使之与水平的草坪形成鲜明对比。开放性的空间为打闹和自发游戏创造了条件。

图 5.1 凯蒂·温特和查理·卡普兰为复活学校设计的操场（2005 年建成），位于纽约布朗克斯（Katie Winter 建筑设计事务所供图）

　　温特和卡普兰还沿着外围设计了低矮的岩石和长椅，每一处设计都不同。他们使用现成的建筑材料来制造这些漂亮且成本低廉的长椅：用标准的镀锌管支撑长凳的中心，用木板条制作出起伏形状。孩子们可以利用长椅发明游戏，或者在长椅上滚球、躲藏在椅下，或者和同伴一起坐在长椅上。这些长椅原是为周日在附近教堂参加活动的大人设计的。他们可以坐在椅子上，但长椅也足够高，可以用来放置蛋糕和咖啡壶。

　　长椅、岩石和平地意味着所有年级的学生（原来的学校已被一所特许学校取代）可以同时在这里休息。抽象的游乐场所允许儿童形成他们自己的年龄组：大孩子可以帮助小孩子。操场这一场所是维果斯基"最近发展区"（Zone of Proximal Development）理想的最完美支持。

　　在鹿特丹，2012Architecten 建筑设计事务所已将混龄合作的一些原则应用于一个成本相对较低的游乐场（图 5.2），这个游乐场有助于"被边缘化"的移民发展友谊、充实日常生活。[29] 名为"儿童天堂"（Kinderparadijs Meidoorn）的非营利性"俱乐部"的董事会提出要求，2012Architecten 建筑设计事务所需要翻新毗邻他们室内俱乐部的旧操场。

建筑师最终给出了富有创意的再利用方案，其中包括对材料的再利用。

"儿童天堂"是个不同寻常的机构，它创新了设置课程的方式，予人启发，并允许建筑师将他们的目标体现在游乐场空间上。"儿童天堂"作为介入性项目进入校园，然后再在"天堂"总部进一步开展。在当地政府的大力资助下，"儿童天堂"与学校合作，在学校分阶段举办多次工作坊。他们在艺术方面（舞蹈、美术、音乐、戏剧）提供密集的培训，他们和政府认为，在数学或语言技能方面表现不佳的孩子经过艺术培训后能有所提高。虽然该项目并未直接涉及自我控制，但这似乎是他们试图引入儿童生活的目标之一。"儿童天堂"俱乐部的课外活动是学校工作坊的延伸和补充。当地学校的孩子都可以前往，有时教师会建议孩子参加，孩子通常也会参与。这被视为一种特殊待遇：如果在操场上表现糟糕，他们将两天之内不得参加操场或俱乐部的活动。这表明了这两个场地对他们有多重要。

"儿童天堂"强调讲文明、讲礼貌、学会与同龄人相处以及发展长期友谊。为此，操场上至少须有两名成年人。他们允许儿童自由玩耍（可随意出入，或与父母一起安排），另外也鼓励儿童进行锻炼，帮助他们学会遵守规则、礼貌待人和照顾他人。教练指导孩子时，也会让他们自己设定游戏规则和参数。

由于"儿童天堂"适合 4～12 岁的儿童，操场必须能吸引不同年龄段的孩子。当时的预算是 25 万欧元，这个预算通常只能购买几个现成的设施（可参考旧金山苏比尔曼公园游乐场的情况，里面 6 个设施和橡胶铺面的价格超过了 70 万美元，当地的公园之友小组不得不为此筹集资金）。"儿童天堂"的全体成员，包括董事会、俱乐部和建筑师都想打造一个不同寻常的游戏空间，让孩子挑战自我，发明出自己的游戏。

塞萨·佩仁是 2012Architecten 建筑设计事务所的首席建筑师，曾与其子共同研究各类游乐场。对他来说，游乐场的任务是在达成社会目标的同时尊重社区的规模与结构。该区域位于鹿特丹北部，19 世纪时这里是低矮的工人宿舍，也是这座城市中为数不多的在第二次世界大战期间未被轰炸的地区之一。该区内人们的种族身份和经济状况各不相同。

佩仁选择了荷兰风车废弃的风力涡轮机叶片作为游乐场（名为"维卡多"，Wikado）的主要建筑材料以及设施构造框架（图 5.2）。已使用10～15 年的叶片非常容易获得，唯一的成本是将它们从农村运到城市的费用。利用叶片也是一个聪明的环保方案。在荷兰，每年有 2 万～4.5 万

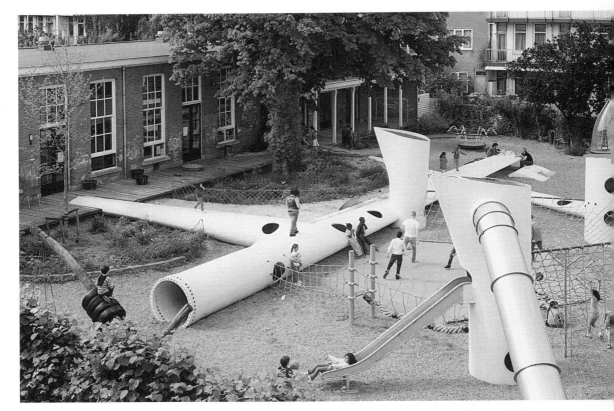

图 5.2 2012Architecten 建筑设计事务所（现为 Superuse 工作室）设计的游乐场（2009 年建成），位于荷兰鹿特丹。最热闹的地方是潘纳球场（panna pitch），涡轮机叶片结构与会会建筑的交会处或会所附近区域更安静些（Denis Guzzo 摄及供图）

个废弃的叶片被烧毁，叶片再利用便减少了有毒气体的排放。把这些叶片安装到操场上后，需每隔 3～4 年刷一次漆，除此之外不需做其他维护。

从街道走到游乐场和俱乐部会所的必经之路是一条小巷。这里是第一个可以看到叶片的地方，它暗示了接下来要看到的设施。这里的叶片被半埋在沙石地面里，引导着游客去往宽阔的游乐场。游乐场内，两个叶片"融入"俱乐部建筑中或与之紧临，这将有趣的活动延伸到了建筑内部，尽管人们鼓励孩子在户外玩耍（除非路面湿滑），这种做法在这个冬季短暂的国家很受欢迎（图 5.3）。在游乐场的中央，佩仁将 5 个涡轮叶片全部安装在松散的重叠网格中，每个叶片长 35 米。他将叶片分散安装，布局类似于小时候玩的捡木棍游戏，并在不同位置切割出直径 1.4 米的洞，让儿童有机会攀爬，去探索设施的内部。通过挖洞的方式，建筑师们为"捉迷藏"创造了有利条件，这是这里最受欢迎的游戏。

他们还提供了一些私密空间，供两三个孩子坐在一起度过轻松的时光（图 5.4）。

除了用风力涡轮机叶片打造的封闭空间外，佩仁还建造了 4 座塔楼，从而扩大了游乐场的范围，提供了供儿童攀爬的垂直空间。第一座是允许儿童抽水的塔，水流进洞中，顺叶片而下；第二座是带有观察哨的登高塔，顶部覆盖着两个 F16 驾驶舱舱体；第三座是滑梯的入口，滑梯是原游乐场的滑梯经扩建而成的；第四座内部可供儿童攀爬。这 4 座塔架围绕着潘纳球场，一个本地化的街头足球场。

2012Architecten 建筑设计事务所有效整合了各种游戏方式，满足了不同年龄的孩子同时在操场内同一区域玩耍的需求。建筑师利用塔架将潘纳网悬挂起来，有效地将安静的活动区与热闹的活动区区分开。大孩子（特别是男孩）会前往潘纳球场和塔楼的区域，小孩子则会被旋转木马和秋千所吸引。宁静的区域（沙滩和被剥光树皮的枯树附近以及风车叶片内部）非常重要，能让人避开这个可容纳二三十个活跃儿童的空间。

图 5.3　2012Architecten 建筑设计事务所（现为 Superuse 工作室）设计的维卡多游乐场（2009 年建成），位于荷兰鹿特丹（Denis Guzzo 摄及供图）（彩图 5）

图 5.4　2012Architecten 建筑设计事务所（现为 Superuse 工作室）设计的维卡多游乐场（2009 年建成），位于荷兰鹿特丹。在叶片内部能度过宁静的时光（Denis Guzzo 摄及供图）

友好的地方

除了校园和俱乐部外，其他公共场所也应该是儿童（以及成人）可以闲逛的地方。这些地方都让儿童有机会互动并结下持久的友谊。[30] 随着儿童年龄的增长，这些经历的重要性逐渐增强。研究青少年成长的教育心理学家告诉我们，儿童进入中学后，他们比以前更多地依赖"朋友的陪伴、亲近和支持"[31]。

鹿特丹和东京广阔的公共场所给我们提供了一些鼓励儿童之间互动的范例，那里尤其适合儿童搁置争议、增进了解。第二次世界大战后，阿姆斯特丹尚未被使用的空间上都建造了一种小型游乐场（"大型多中心网络结构"），鹿特丹的设计师、历史学家利亚纳·勒费夫尔从这种游乐场中汲取了灵感（见第 2 章）。[32] 在为鹿特丹的老西区（Oude Westen）和霍赫弗利特（Hoogvliet）做设计时，她一直使用相同的原则，她称之为 PIP，即多中心（Polycentric）、有空隙（Interstitial）和参与式公共空间（Participatory Public Space）。这两个社区的许多居民都是贫穷的移民，在

附近建造游乐场意味着居民能在开放的环境中放松自己，儿童可轻松地
从密集的游戏场所中的一个场地跑到另一个场地去（经常是与同伴一起）。

　　也许在不知不觉中遵循了凡·艾克模式，东京的每个社区都有自己
的"网络"，这便是那些恰好有一两个游乐设施或沙坑的小公园。三十多
年来，大量建造公园的想法在日本一直盛行。20 世纪 80 年代初，东京市
长声称东京的公园数量众多，随处可见，他说，每个孩子在家附近都能
找到一个公园。学者乔伊·亨德里（Joy Hendry）认为这个信息现在仍然
是准确的，大多数东京儿童都住在某一公园的 100 米范围内。[33] 考虑到东
京的人口密度（以及人人乐于居住在小居民区），几分钟内就能步行路过
几个公园。公园可能位于主要的商业街上，也可能是在一个单独的角落
里。这些现成可用的小公园给附近私人日托机构提供了便利：经常有孩
子（两两结伴或紧握绳索）每天几次穿过附近的商业街走到公园。

　　乍一看，这些迷你公园有点乱，有些狭小，可能不足以吸引人。地
面上通常满是灰尘，入口处没有门，也没有围栏。秋千或攀爬架通常有
些过时，其下方往往会有一些有弹性的材料；为保护路过的幼儿，秋千
周边往往设置低矮的围栏，这是一种有效的补救措施，可以提高我们的
"设施使用区"意识（图 5.5）。这类公园中绝大部分的共同特征是有一些

图 5.5　日本东京的小型社区公园。这个公园有供成人休息的树荫区、供儿童使用的几处
设施、用于运动或做游戏的宽敞空地以及在任何角落都能看到的时钟（作者摄于 2013 年）

绿地、座椅、喷泉、饮水池以及时钟。[34]

我们很容易认为这些公园是无趣、无聊的，但如果这样想，便不能理解它们在每个社区和当地居民的福祉中所发挥的重要作用（图5.6）。公园里有一个音响系统，每天早晨7时会播放政府为老年人设计的锻炼曲目。老年人也可以在家里用收音机收听，但是若他们一起锻炼，便会成为一个社交（更愉快的）活动。长凳除了有休息功能外，还经常在上面有说明来告知人们这些休息空间全天都可作为锻炼身体的地方。上午晚些时候或下午时，有些幼儿会和保姆一起来到公园。

父母将学龄前儿童带到这些公园时，他们会教孩子如何与他人轮流荡秋千或在其他设施上玩耍。孩子和大人使用 Janken（日本的"石头剪刀布"游戏）来解决分歧。[35] 在滋贺大学任教的罗伯特·阿斯皮诺尔（Robert Aspinall）带着自己6岁的儿子去日本另一个城市——名古屋的公园里游玩，他发现，这些公园"气氛非常友好，父母鼓励孩子和其他儿童一起玩耍，还经常用 tomodachi（朋友）这个词来称呼他们刚认识的孩子"。[36]

东京公园培养了一种社区意识，是类似 Uchi 这种人们相互合作的地点的概念延展。在克里斯·贝特尔森（Chris Berthelsen）看来，街道作为儿童学习如何与车辆和他人一起通行的地方，和游乐场的功能很像。幼儿、青少年、老年人、醉汉、上班族在场内休息或吃午饭，都有可能处于同一空间内。每个人都需要宽容别人。罕见的是，公路或桥梁下的狭小空间也会改造成公园。在这种类型的公园里，可能没有长凳，也没有绿地，只有几个设施，但会有一个时钟。可能还会有一些无家可归的人，但这并不会对儿童产生不利影响。

日本有一种潜在的责任感和普遍意识：维护所有儿童的利益是一项集体任务。游乐场里没有巡逻的人或职工，但在东京，6岁的孩子独自去游乐场的情况并不少见。原因不仅仅是人们认为东京是一个安全的城市（确实很安全），另外还由于儿童被视作是负责任的年轻人，受到尊重。儿童可以与朋友聚会、独自前往或结伴前往，之后分流到其他游乐场所。他们可以开始独立行动，在宁静的地方聊天或交换珍贵的小饰品，增进友谊。公园的时钟在白天结束时（下午5时）响起，孩子们便知道是时候回家吃晚饭了。[37]

当代日本游乐场发扬的精神引发了一场实力悬殊的比较。1961年，城市倡导者简·雅各布斯写了一篇关于20世纪50年代她在纽约市格林尼治村的白求恩街上生活的文章。雅各布斯提到了街道生活的活力，这

图 5.6　日本东京的小型社区公园。该公园位于高速公路下方的狭小空间（作者摄于 2013 年）

是一个人们以善良和慷慨之心互相提醒交通安全的地方。儿童在这附近玩耍时可享有高度的自由。几十年来，美国城市规划者一直在努力捕捉这种社区精神和意识。但具有讽刺意味的是，它不存在于美国，而是在东京。

场地内年长者对儿童的帮助

有证据表明，儿童与老年人之间的亲密关系可对儿童的生活产生积极影响。儿童学会尊重老年人，而不是害怕老年人。因此，青少年逐渐意识到自己终将会死去，在面对有害的事物时（例如毒品、酒精），他们会更加谨慎。[38] 祖孙之间的关系影响更为广泛，更具决定性。积极的影响包括减轻抑郁症状和改善整体心理健康状况。[39]

大多数关于代际活动的研究都聚焦在将儿童和老年人聚集在一起（通常是在机构环境中）的项目上面。在某些情况下，儿童和老年人会共用设施，例如在家庭式的老年人日托中心。虽然人们仍然很少关注儿童和老年人如何使用共同的户外空间，但一些游乐场的利益相关者已经开始思考这个问题了。2009 年，制造商乐普森（Lappset）赞助了"三代人项目国际设计大赛"。获奖者是格鲁吉亚人田吉兹·阿拉韦尔达什维利（Tengiz Alaverdashvili）（来自第比利斯），他设计了一座坡度缓和的小山丘，设有大量长椅。该作品可能不会投入生产，但这种类型的比赛才刚刚起步，后期的作品有可能会被建造出来。

就目前而言，考虑将代际空间作为一个综合的公共场所，十分有益。在以色列巴特亚姆市（Bat Yam），阿维·莱泽（Avi Laiser）的"实境"（Real Estate）有一个巨大的标示牌宣告这是"the REAL（真实的）estate"。莱泽的作品以有趣的文字游戏形式暗示了人们对公共空间的看法并不公正。[40] 莱泽是一位接受过美国教育的建筑师（获得了南加利福尼亚建筑学院建筑学专业硕士学位），2000 年，他回到了祖国以色列，开始建造艺术项目。2008 年，他与妻子——舞蹈家达娜·赫希·莱泽（Dana Hirsch Laiser）一起向巴特亚姆每两年举行一次的景观城市国际年展提交了一个创意。甚至在他们还没有选定具体场地的时候，策展人便授权他们创建一个有助于定义本次年展的"临时私人空间"。

莱泽同时也开发高层公寓，他知道公共空间的重要性之一是它们能提升新兴社区的房产价值。为产生最大的影响力，莱泽夫妇选择了一个乍一看似乎很麻烦的地方。它实际上是一个垃圾场，位于拥挤的阿亚隆（Ayalon）高速公路旁，在一个 6 米高的隔声墙一侧的狭小空间里。附近居民把废弃的床垫和烤面包机扔到这里，或是把这里当成宠物公园，或是在这里交易毒品。这里唯一积极的活动是每年春天犹太教节日——篝火节时的篝火晚会。

莱泽夫妇表达了不同的观点，他们对私人空间和公共空间之间的边界情况和两种空间的二分法很感兴趣。例如，阿维·莱泽指出，坐在长椅上或在海滩上撑开遮阳伞时，我们会暂时将公共空间"私有化"。他们的目标简单来说便是开辟一个像"外面的家"的空间。年展主办城市巴特亚姆支持这些想法，原因是其城市人口密集且种族构成多样，其中来自越南的人口众多。

莱泽夫妇设计了一种建筑结构，它类似于滑雪坡道，从平坦的地面沿着隔声墙的墙壁急剧上升。该结构由硬质和软质材料共同制成。边缘的草地可供老年人坐下歇息，但主要的座位区是以多种形态从坚硬的铺面下沉后构成的座椅。这些抽象的形状有木质内衬，里面还有平台。莱

图 5.7　阿维·莱泽和达娜·赫希·莱泽设计的"实境"（2008 年建成），位于以色列巴特亚姆（Avi Laiser 摄，Laiser 建筑设计事务所供图）

泽发现，来游玩的人们分属各个年龄段，但青少年总是被吸引到近地面的有围合感而界限明确的"下凹"区域。由于带有平台，这些凹陷的"角落"可容纳或大或小的人群。这些地方很舒适，半隐藏、半显现，青少年可以把这些"边界"地带变为他们的新"中心"。起初孩子们聚集在这些私密的空间里，现在大人也来这里游玩（图 5.7）。

　　阿维·莱泽担任该项目的总承包商，最终项目的成本适中，约为 30 万谢克尔（18.5 万美元）。年展主办方承担了建造费用，巴特亚姆市负责维护这个区域。该人造公园每天 24 小时开放，这与以色列（以及其他许多国家）夜间关闭公园的做法截然不同。

适合青少年的场所

青少年有一种特别的为难人之处，便是他们总想远离其他人。芬兰的一项研究表明，青少年倾向于与同龄人一起去最喜欢的地方，通常父母都不知道这些地方在哪里。[41] 我们已经看到他们可能会被惊险的活动所吸引，同时他们也在寻找活力与静谧并存的地方，甚至可能是更高级别的"躲藏"之处。

BASE 景观设计事务所曾为巴黎贝尔维尔公园设计过游乐场（详见第2章），他们获得了一个新项目：法国里昂的塞尔让布兰丹公园（Sergent Blandan Park）。[42] 他们进一步丰富了关于项目识别性和冒险属性的思考。虽然儿童或老年人也能前往该公园游玩，但这个场地是专为青少年设计的。委托方即里昂市及其周边地区（两者都以其公共建筑的前沿理念而闻名）相信，占地 20 公顷的废弃军事基地能成为城市绿洲。BASE 成功中标该项目，这如今是欧洲最大的娱乐重建项目之一，项目总成本达2000 万欧元。这复杂的项目将 19 世纪的防御墙和防御工事、15 世纪的城堡和一些 20 世纪的建筑整合到一个公园中。一些破败的建筑被保留为自然空间，让植被在建筑废墟中生长。

BASE 景观设计事务所将原先的游行场地改造成了活跃的游乐区。广阔的空间意味着有其他区域可供进行更安静的活动。BASE 景观设计事务所为游戏专用场地设计了一个精致的橡木材料的构架。不像贝尔维尔公园的游乐场那样陡峭且受原始场地限制，这个游乐场非常宽敞。和贝尔维尔公园一样，儿童在这里可往高处攀爬，进入"未探索"的区域，有时他们攀爬后不能继续前进。他们还可以进入一个巨型的浅浅的木材料构架里，里面高低不同，区域有大有小，还有些死角。建筑师希望能够打造出像迷宫一样的空间，让儿童无法预知他们将去往哪里。[43] 他们必须反复试验、出错，最后才能找到正确的路径，直至到达外部的长滑道。这些封闭式滑道底部的砾石坑和长凳让青少年在再次尝试攀爬之前可以休息和游玩（图 5.8）。

吸引青少年进入公共场所的另一种方法是为他们提供愉快相处且能聚集和表现自己的区域。挪威 Helen & Hard 建筑设计事务所在他们的家乡斯塔万格（Stavanger）发现了这样的需求。[44] 斯塔万格位于石油工业蓬勃发展的行政中心，是一个热闹的小城市，这里缺乏供青少年聚集的场所。2008 年，在斯塔万格竞选"欧洲文化之都"的筹备阶段，Helen &

图 5.8　BASE 景观设计事务所为塞尔让布兰丹公园设计的游乐场（效果图，2013年建成），位于法国里昂（BASE 景观设计事务所供图）

Hard 建筑设计事务所主动请缨解决该问题。他们的作品——地质公园重新利用了勘探北海广袤的特罗尔（Troll）油田时的遗迹。他们规整了地形，呈现出油田的地质层。通过使用废弃材料，Helen & Hard 建筑设计事务所的作品暗示了当地工业，同时也已创造了工业的本土性，即一个反映城市经济繁荣和工业废弃物的具体"场地"。

　　Helen & Hard 建筑设计事务所创造了一个毗邻海港、没有围栏界线的"异世界"景观（图 5.9）。船锚和浮标为想安静休息的人提供了座椅，同时，人们也有机会运用自己的智慧积极开展活动。一些物体相当高，低处的管道向好几个方向蔓延。青少年想做什么都可以。在日常生活中，所有这些石油工业用具都很少见，这个特点促使青少年想出新的方法来使用它们。他们可能会相互鼓励，看谁能沿着高杆往上爬。一个有固定球体的区域成为奔跑和跳跃的地方。这些红球也允许青少年以后空翻、翻滚和疯狂杂技的形式进行表演。也许有一个口口相传的故事正在形成，故事里少年们会不断地创造并讨论他们在这里完成的英雄壮举。这种自我推动的、充满竞争性的参与感让孩子们在很长一段时间内都想回到这里。他们也被滑板和许多供涂鸦的墙面所吸引，两者在这里都很受欢迎。这些活动已经改变了公园的整体外观。喷涂的涂鸦非常适合该市一年一度的"NuArt 节"，该节日十分重视街头艺术。这个从不关门的公园在白天时间较长的夏季尤其有吸引力。

图 5.9 地质公园（2008 年建成），由 Helen & Hard 建筑设计事务所设计，位于挪威斯塔万格（Helen & Hard 建筑设计事务所供图，Emile Ashley 摄）（彩图 6）

庇护所

2000 年，与联合国新闻部有合作关系的非政府组织"世界艺术"（Art for the World）赞助了一个展览及其相关项目，目的是使艺术家（包括建筑师）参与到为难民儿童设计玩具和游乐场的活动中。第一批作品对常见的悲惨现实进行了有力的回应。虽然该展览的关注点是陷入政治动荡的儿童，但在日本，自然灾害也催生了对这一类型作品的需求。2011 年毁灭性的地震和海啸中，60 多个城市和村庄被摧毁，之后长期的状态是缓慢复苏，儿童和成人可能需好几年住在临时住房里。

东京建筑师、2013 年普利兹克建筑奖的获得者伊东丰雄积极参与到减轻灾难给人们带来的创伤的活动中。在灾害发生后不久，他组织了一些同行（包括隈研吾、妹岛和世），并与日本基金会合作，成立了"人人有所居"项目。他们的目标（基本是在一年内实现）是在人们生活困难的地区设计和建立社区聚会中心。5 家公司在不到一年的时间内建成了 5 个中心。

这些项目一启动，伊东丰雄就开始着手解决儿童的困境。他意识到这些幸存的儿童需要稳定的生活，便邀请原来的一名学生大西麻贵设计了一个专门为这些儿童服务的场所。[45] 大西在东松岛的临时城镇——山本绿城开展工作，参与当地居民管理的游乐项目并进行监督。她设计了 3 座小房子，每栋房屋都有一个独特的屋顶，有圆顶、金字塔式屋顶或尖顶。这些房屋坐落在一个低平台上，平台将它们联系在一起。一处是"桌子之家"，用于"闲逛"或制作工艺品；另一处是"木炉之家"，用于烹饪或加热食物；还有一处是"剧院之家"，用于即兴表演。它们一起构成了一个小村庄，儿童在这里可以"欢聚一堂、交流思想并找到交心的朋友"。

　　大西的实践证明，严峻的环境条件可以激发建筑的协助作用和毫不妥协的设计方案。建造过程可以做到快速、有效。这些场地虽小却有吸引力，为友谊的发展和持续提供了许多契机。

第6章　接触大自然与探索体验

　　"大自然"和"探索"似乎是一对完美的搭档，它们是当代游乐设计中的两大重点主题。在美国和西欧部分地区，"自然游乐场"已经成为一种口号，一种对标准游乐设施的强烈抗议。支持者在推进探索的活动中宣扬了大自然的价值。他们坚持认为，自然空间可让孩子获得独立意识、学会合作，并实现更好的认知控制和情绪控制。支持者将大自然作为一种补救措施，以减少学习障碍和赤贫的不利影响。

　　公园主管部门在发布资格预选申请时明确表示，只会考虑了解无设施、自然游乐场的设计师，现在这种情况已不再罕见。[1]家长、管理人员都不愿见到普通的游乐场，加之受自然游乐场相关宣传的影响，他们已经锁定自然游乐场是最好的（有时也是唯一的）选择。本地化运动倡导可持续性和地方特色，因而推动了这一趋势。人们内心希望，那些接触大自然的儿童能成长为想要保护环境的成年人。[2]

　　鉴于这些活动与宣传，如今正是考察、评估自然游乐场，并界定其最佳呈现方式及不足的良好时机。

评估自然游戏

　　令人新奇的是，大人们不再满足于现状。游戏行业投资人正在寻求比静态设施更能吸引孩子的解决方案，他们在寻找探索和体验的可能性。大自然确实是一个有效的空间环境，供儿童挑战多样性、变异性和不可预测性。儿童在自然环境中玩耍时没有对错之分，这些场地通常使得儿童有机会体验风险，掌控、规划事件以及解决问题的可能。泥土除了非常有趣（如果没有人教育儿童应避免沾到泥土，他们甚至可能认为这是去一个"顽皮"的地方玩耍）外，还能将不同年龄的孩子聚集在一起。泥土是一种特别健康的物质，能提高幼儿的免疫力。

　　大自然不是静止的，因而对幼儿来说很完美。婴儿一旦成长为幼儿，便需要体验不同的表面来锻炼平衡技能。在大自然中，他们有机会遇到不寻常或出乎意料的情况。沙堆、水桶能发挥作用，为幼儿提供天然的材料。当然，树木、灌木丛、溪流和岩石构成的广阔环境为大一些的儿童提供了活动空间。自然游戏还可让年幼的孩子暂时脱离过度热心的父母和教育工作者，他们让儿童过早地开始阅读和写作。森林学校于 20 世纪 50 年代在斯堪的纳维亚形成，之后，20 世纪 90 年代初期在英国形成，这类学校可能提供了一个有意思的替代方案。儿童经常去林木繁茂的区域，那里他们可自由玩耍或进行一些预先计划好的活动，还能熟练完成"容易实现的小任务"。[3]

我们不能忽视的缺点是，自然游戏涉及一些令人不安的因素。尽管倡导者发表了绝对乐观的言论，但自然游乐场在探索活动、可持续性、"场所"感方面并不固定。我们已经看到一些作品，例如 Haugen/Zohar 建筑设计事务所的洞穴游乐场、篝火屋，都是在重新利用材料，否则便会产生工业废弃物。贝尔维尔公园的游乐场（由 BASE 设计建造），波特拉特游乐街上的游乐设施（由 Carve 设计建造）和儿童乐园（由 2012Architecten 建筑设计事务所设计建造）是其中的三个例子，说明精心设计的游乐场能借助文化价值和人造材料，创造出独特的个性和本地特色。

游乐园项目如雨后春笋般出现，它们拥抱了自然游戏的讯息，然而并未领会其精神。"自然游戏"一词被不加区别地使用，一些设计师采用普通设施，额外增加一些灌木或树木，便希望这能被视为"自然"设计。游戏倡导者、作家蒂姆·吉尔（Tim Gill）指出这样的做法是"侮辱我们的智商和审美"[4]。有些制造商忽视了自然游乐场的元素存在生和死，而制作了一些混凝土圆木，宣称自己创造了一个耐用的"自然游戏"区。佛罗里达州的一个城镇使用了私人资助的 20 万美元建造了一个公园（以当地 20 世纪早期的一名博物学家的名字命名），这里有人造树木，低矮滑梯的两侧放置了人造树干，"还有的人造树干上挂了秋千……可以攀爬的模型蚁穴大山……可骑的蝴蝶和毛毛虫……（还有）一张蘑菇形状的桌子"[5]。由于一切都没有生命，所以都给它们挂上了标牌，上面有关于大自然的"教育性信息"。

有时候，"自然游乐场"成了一个无意义的名称，与传统的游乐场一样受到管制。有些成年人（往往不清楚这种阻碍是来自管理者还是父母，抑或是两者都有）不愿意接受大自然应该提供的不可预测性。例如，爱荷华州的"自然游乐景观"（Natural Playscape）制定了一些规则来否定公园设计中应鼓励的，且自然游戏所具备的变化、混杂、自由性和开放性。在斯堪的纳维亚半岛，儿童可亲身体验自然，几乎不受监护或没有规则束缚，在那里不会看到一个可笑的标牌，告知儿童应如何表现。标牌显示了市政府具有高度的防范意识，其内容一般是：5 岁以上儿童才能在那里玩耍；不得攀爬树木、岩石，不得采摘花朵或投喂动物；必须穿鞋；父母应随时监护；当"自然游乐景观"路面湿滑时，儿童应格外小心。[6] 然而对于"自然游戏"来说，这些要求太多了。

同样令人不安的还有，自然游乐场的支持者（特别是北美的支持者）吹捧初步的相关科学研究。他们把试验性和假设性的结论说得好像就是绝对的事实。例如，研究将自然游戏视作解决社会问题和行为问题的灵丹妙药。虽然有证据表明儿童在自然环境中玩耍时，会更多地参与到所做的事情中[7]，但大多数证据并不是确凿的。

我们尚不能确定大自然本身（未经削弱和改变）是否便具有神话般的力量。如今，自然游乐场的推广者陷入了一个类似旧标准，即"电话"（也许今天我们可以把它称为"互联网"）的游戏中：一人向另一人说了些什么，之后这人再传递给其他人。信息连续在个体间进行传递时，会发生变化，直到变得不可识别。自然游乐场的情况是，初步研究和试验性结论一直在流传，直至成了绝对"事实"，有限的调查发现变成了硬道理。

文献显示的内容（其中大部分被想要将自然游戏和改善生活联系起来的人士引用）更微妙、更模糊、更有依据。最引人注目的研究人员弗朗西丝·郭（Frances Kuo）和安德里亚·费伯·泰勒（Andrea Faber Taylor）经常被提及，原因是他们的研究视角将大自然作为控制注意缺陷多动障碍的一种途径。自然游戏的支持者认为二人的研究成果毫不掩饰地认可了大自然的益处。仔细观察后能发现，他们的结论只是初步的，而非定论。两位研究人员写道，他们的证据虽鼓舞人心，但若没有更广泛的、随机的、控制变量的和更大规模的研究，就不具有决定性。他们表示，"除少数例外情况外，大多数研究都存在方法上的缺陷，需通过将来的研究加以解决"[8]。早期的研究结果现在可支撑更广泛和更深入的研究，他们深受鼓舞。最近，安德里亚·费伯·泰勒和弗朗西丝·郭基于依据，阐明了"常常去绿色空间对儿童的注意缺陷多动障碍症状可产生系统性影响"是否属实"尚不能确定"，但这则信息几乎没有媒体关注。[9] 然而，常见的是，他们的温和观点被转变为声称体验大自然可缓解注意缺陷多动障碍的宣言。

关于公众如何接收和传递有关大自然的信息还有其他谨慎的看法。埃塞克斯大学为野生基金会进行了一次关于"大型自然栖息地和野外体验"的文献综述。综述中写道，这份综述具有局限性，因为定性研究或描述性研究超过 80%，意在做定量研究的约为 14%，但引用的样本通常少于 30 人且未设置对照组。[10]

另一位研究自然领域及其对成年人影响的研究者这样说道："应在童年中期注重接触相对普通和熟悉的自然环境，还是应在青春期注重接触更具挑战性和不受干扰的环境，答案很明显，直接的大自然体验在情感发展、认知发展和评估性发展中起着至关重要的也许是不可替代的作用。"但同时他也得出结论："要下一个肯定的结论，还需进行更多的研究。"[11]

自然是模拟大自然的最佳方式吗？

50 多年来，美国人一直在努力模拟大自然或是将大自然融入游乐场中。重要的是要记住，特别是那些哀叹自己的孩子不在泥土里打滚或者在地面上滚圆木的大人需注意，这种对大自然的追求是一种暗含的流行趋势，使得 20 世纪 60 年代和 70 年代形成了一批富有创意的游乐场。M. 保罗·弗里德贝格（M. Paul Friedberg）是最早将游乐场元素联系在一起的倡导者之一，他认为，游乐场应该让城市里的孩子能够享受穿越大自然的满足感。他的方法是给纽约市的儿童提供木头、石头、水和沙子，从而模拟出居住在纽约州北部并在当地小溪中玩耍时会经历的意外际遇。当然，从一块木头跳到另一块上，在花岗岩堆中攀爬，或是在沙坑中往深挖，一定是相当不错的替代选择。一些较小的隐藏空间将会展示儿童在野外时是如何创造出自己的私密环境的。

20 世纪 70 年代，景观设计师罗宾·穆尔（Robin Moore）和教育家赫伯特·黄（Herbert Wong）采取了更为直观的方法来接触大自然。在加利福尼亚州伯克利的华盛顿小学，二人将遍布碎石的操场变成了"环境庭院"。十年间，家长及学生整理、辅助，实现了这一变化。孩子们是热情四射的受益者，他们可以选择玩耍的方式，测试自己的极限，甚至在充满树木、植物和水的繁茂环境中不断试错。[12]但值得注意的是，这个环境庭院也不是一个完全自然的空间。发起人还设置了各种区域,供召开安静的小组会议、踢球、打篮球,甚至是用于放置登山装备。[13]

这里有一个警示故事。1989 年,遭洛马普列塔(Loma Prieta)地震破坏后,伯克利联合学区政府清理了该环境庭院,恢复了碎石路面。标准化设施被放置在铺满树皮的地面上,小花园是唯一能反映之前面貌的事物。家长要求使用一些"更安全"和更可预知的设施,让他们更容易观察自己的孩子。

我们从过去经历中吸取的教训是应谨慎行事。我们应该意识到,人类历史是由模拟大自然的人或有效构建自然环境的人塑造的,我们应留意最好的模式来进行仿效。与大多数斯堪的纳维亚人相比,美国人在户外有着不同的习惯。即使自然是他们自己构建的,斯堪的纳维亚人也会感到身处其中更加自在,他们将大自然视为应对风险的一种方式。对于斯堪的纳维亚人而言,在自然界中花很多时间"被视为成长和成为一个明智、机敏的人的重要过程"[14],但美国人不一定会这样认为。

尽管如此,我们仍需了解斯堪的纳维亚模式,特别是挪威幼儿园中最常见的模式。[15]在挪威,日托中心可能有"传统"的游乐场,儿童每天在户外待上四五个小时,或者是自然化了的游乐场,儿童每天在户外度过六七个小时。在其中任何一种情况下,课程(自我探索、游戏和学习承担责任)都与户外环境相融合。传统的挪威游乐场内可能有树木或岩石供攀爬,有削木头用的刀具,150 英尺(约 45.7 米)外还有一个无防护的池塘。场内有一些围栏,树林不是很密集。尽管如此,有些评论家指出,"在大多数挪威儿童保育机构,儿童使用刀具和锯子,爬上高高的树木和峭壁,在陡峭的雪堆上高速滑雪,这些都很常见"[16]。儿童找到了创造性的方式来使用天然材料和非天然材料,"他们堆好箱子后爬上去,玩耍、打闹许久,有时他们甚至在游戏屋的屋顶上嬉戏"。他们也"喜欢秋千,有时还将秋千扭曲着使用,让自己高速旋转。秋千摇摆的速度非常快时,他们还会纵身跳下"。

挪威的自然游乐场提供了类似的体验,但没有围栏,也没有任何设施,只有"一些自然元素,如树、岩壁或峭壁、草丘、田野以及一片茂密的森林"[17]。最近一项针对挪威 1700 所幼儿园展开的调查表明,2012年,只有 10% 的儿童受伤,其中 97.9% 的儿童只需要"创可贴或是一些安慰"。其余的伤势(主要是骨折或脑震荡)也不严重,只有 0.2% 是重伤。受伤的儿童各个年龄段都有,但受轻伤的男孩多于女孩。中度受伤或重伤的儿童里，男孩女孩都有。[18]

进入大自然

由于美国孩子不再常去树林里玩耍，因此当一家儿童博物馆提出将建筑和未开发的自然空间有机结合起来时，人们十分惊讶。纽约市的一个项目结合了纯粹的自然、精致的建筑、先进的技术和老年人的集会场所。这个包容的项目位于斯纳格（Snug）港文化中心的历史遗产区，其中有一部分是斯塔滕岛（Staten）儿童博物馆，可满足多种需求，适合多种群体。该项目是一个很好的案例，它说明了具有前瞻思维的建筑师能与富有进取心的博物馆馆长合作，共同承建一个建筑项目。这不是一个正式的游戏空间，这使得建筑师和游客更加灵活，博物馆员工也愿意让儿童积极寻找属于自己的游戏机会。

斯塔滕岛儿童博物馆需要一个永久的、有遮盖的地方，以供儿童在野外游玩时吃午餐用。他们还想要一个举办节日活动的地方，一年至少举办 4 次。Marpillero Pollak 建筑设计事务所的方案设计了一个引人注目的帐篷，位于一处宽阔的草地上。帐篷提供了有遮挡的公共空间，孩子们可以带上午饭，在那里（等儿童吃完并离开之后），老年人可以支起牌桌，玩凯纳斯特纸牌（Canasta）或是打麻将。这些活跃的老年人似乎是对斯纳格港最古老遗址区的致敬，19 世纪时，这里曾是海员养老院。海员们被安置在附近的专用建筑群中，这些建筑现在是美国希腊复兴式建筑的最佳典范之一。

这个通风的开放式帐篷轻盈、节能，又具吸引力。建筑师将半透明的玻璃纤维塑造成一种让人联想起船帆的形状。嵌入帐篷的光伏织物电池为每晚照亮现场的强聚光灯提供了能源。帐篷低矮的一端有藏着充电设备的混凝土小屋，任何前来的成年人都可使用电池充电站。桅杆像树木一样倾斜，支撑着屋顶，屋顶朝着太阳歪斜。帐篷的每个桅杆都有滴水孔，这样水便不会积聚在帐篷的表面。水滴入装满小石头的圆形平底水池中。在年幼的孩子看来，石头是可向任何方向投掷的玩具，维护人员在每天结束时将石头放回池中（图 6.1）。

博物馆除了对儿童如何使用石头采取随和的态度外，还将草地视作另一个游乐区。这块绿地位于帐篷和博物馆入口之间，缓缓向下倾斜。小孩子可沿草地滚下，大孩子可跑遍这个草地，体验地形的变化。暴风

图 6.1　纽约斯塔滕岛儿童博物馆（2012 年建成）的入口，由 Marpillero Pollak 建筑设计事务所设计（Robert S. Solomon 摄于 2013 年）

雨期间，低洼处满是积水，为儿童提供了可以玩几天直到水消退的新游乐区。儿童也可自由前往探索帐篷另一侧的茂密小树林。

　　阿姆斯特丹的 Carve 公共艺术设计事务所（曾在波特拉特街上设计了游乐街）在翻新梅尔（Meer）公园时，创造了更大规模的自然游戏。[19]梅尔公园是阿姆斯特丹东部边缘地带的一个大型公共设施，位于历史核心区的外围。Carve 承接该项目时，当地的体育俱乐部沿着一条直线开辟了一些单独的空间。每个俱乐部（如骑行俱乐部、滑冰俱乐部、篮球俱乐部、击剑俱乐部）都占据了一个单独的封闭空间（经常被盗）。Carve 必须满足各年龄段人士的需求并提供体育运动之外的兴趣活动，以使该地区恢复活力，使其更安全、更具吸引力。

　　Carve 的方案是沿着中轴整理场地，中轴同时也是一个深入的、合适的入口。如今，体育俱乐部仍处于同一地点，但现在它们面朝着建成的中轴地带。基座上有方向图标，引导游客从停车场去往最远处的新游乐场。一路上，游客会看到带有烧烤架的大号野餐桌。野餐桌按顺序排列，为家庭聚会提供了一个休息场所，此处还能引导游客将视线投向远方

图 6.2　梅尔公园（2010 年建成），由 Carve 公共艺术设计事务所设计，位于荷兰阿姆斯特丹。野餐桌形成了一个轴线，引导游客前往远处的游乐场（作者摄于 2013 年）

（图 6.2）。即使公园每天 24 小时开放，盗窃事件还是在减少，因为这是一个更加开放的环境，许多游客感觉不到这是一种防御设施。

　　游乐场位于中轴的顶端，它顺利地将自然与人造的设施混合在一起。这里没有围栏，附近有条蜿蜒的小溪。除特别设计的游乐设施外，游乐区内还有一个攀岩墙。与"游戏墙"或仿制墙不同，就尺寸和难度而言，这是真正的攀岩墙。攀岩墙由混凝土制成，即使是专业的攀岩选手（有一位专业选手参与了攀岩墙的设计），也能在此练习攀岩技能。攀岩墙毗邻一座草丘。由于这座小山位于阿姆斯特丹的天然气主系统上，Carve 必须确保草丘非常轻，但又足够坚固，能支撑一个在高处交叉的嵌入式管道滑梯。

　　附近，小溪沿着游乐设施蜿蜒前行。人们很快就发现，溪流的对岸也可以利用起来，于是一座没有防护的吊桥连接了两岸。面对水道（包括这条小溪），荷兰人采取了轻松愉快的态度，哪里都没有设置围栏。这不是一种草率作风，而是表现出他们深埋心底的信念，即父母必须确保

图6.3 梅尔公园（2010年建成），由Carve公共艺术设计事务所设计，位于荷兰阿姆斯特丹。小溪的两岸都有游乐区（Carve.nl 供图）（彩图7）

自己的孩子有基本的生存技能。每个家长都需负责确保孩子4岁时开始学习游泳，孩子也需知道如果穿着衣服掉到水里应如何应对。由于担心有儿童溺水，Carve沿着溪流建造了一条小径，还准备了一堆镂空的原木，就放在水边（图6.3）。

不同尺度的自然

自然游乐场与希冀绿化城市的规划原则相得益彰。德国弗莱堡（Freiburg）是第二次世界大战被轰炸后重新建造起来的城市，它体现了绿色规划与自然游戏之间的完美结合。[20] 弗莱堡是德国最环保的城市之一（无论是政治上还是生态上），城市位置非常接近自然奇观——黑森林。为改善公共交通，该市还特别支持鼓励居民养成一种步行或骑自行车出行的文化。

这种现象在沃班（Vauban）尤其明显。沃班是弗莱堡内的一个公交导向开发区，原来是一个建于 20 世纪 30 年代的军事基地遗址。70% 的居民未购置车辆，而游乐场更加强了这种具有前瞻性的、健康的生活方式。游戏空间并不过度设计，而是把它们塑造为简单的节点。单元楼的小院里，游乐场设施特别丰富。居民区里的交通不繁忙，游乐场便取代了道路。[21] 这种半遮挡的空间使得幼儿能够待在家周边的区域里，他们经常在剥去树皮的枯树上玩耍，这些枯树或在沙坑里，或在砾石堆里。家长就在附近，如果孩子需要，他们可快速回到家中，但幼儿也能完全独立自主地玩耍（图 6.4）。

儿童在与自然互动时，这里看似是很普通的开发建造，但它其实也是社区发展方式的延伸。这些游戏区与自然景观以及社区价值观相融合，包括低能耗、提倡步行和维护自然环境，这使人们从未感觉到游戏区是被强加进来的。区内的大部分小路沿途有沙坑和裸露的岩石，其中有一些游乐场靠近街道。一些区域利用了自然条件，还有些区域加入了岩石、

图 6.4　德国沃班（位于弗莱堡）的游乐区（版权归 Tim Gill 所有，www.rethinking childhood.com）

树木和沙子等元素。夏季，儿童可在深谷中玩耍，溪流很浅，水草很高；冬季，他们仍能在同一个地方溜冰玩耍。这些溪流通常是雨水汇集以及被回收利用的地方。

丹麦景观设计师赫勒·纳贝隆一直致力于发展自然游乐场，她曾在巴尔比公园设计自然游乐区。她认为，大自然提供了一种方式，使得"儿童必须用整个身体和头脑来探索和管理自己周围的环境"[22]，她的观点似乎与科学家阿黛尔·戴蒙德相呼应，戴蒙德认为，学习的最佳方式，尤其是对儿童而言，就是要积极地投入一项任务。"主动学习"，纳贝隆写道，"涉及整个身体以及所有感官"[23]。

在哥本哈根的穆尔加登（Murergaarden）学校，纳贝隆运用了她的理念，还融合了斯堪的纳维亚式手法，为儿童提供更广泛的社交生活。她于1998年设计并完成了这个项目。该校已成为自然游乐场的标志，一直是建筑与设计类文章以及许多关于自然游戏的论文的主题。[24]在诺博罗（Norboro）这个中产阶级聚集区与众多贫民窟并存的地区，在这个狭小的城市空间里，纳贝隆整合了许多自然奇观。

该校游乐设施的设计难度非常大，需要为刚出生的婴儿到14岁的青少年提供游戏场所。纳贝隆的工作是将空间统一起来（学校每天24小时开放，在所有非上课时间都可供周边居民使用），创造有趣的设施，吸引所有年龄段的儿童。原有的游乐场分为两层（相距6英尺高，约1.83米），由不同年龄组（0~6岁、7~14岁）的儿童使用，并由围栏隔开。除了满足学生的需求外，纳贝隆当时还须考虑在项目规划过程中积极参与的一大批人（包括该校和附近其他日托中心的教师和管理人员）的愿望，他们的要求包括多种铺面、水上游戏区和隐蔽点。

纳贝隆实现了其中许多愿望：不同形状的石头连接了上下两层，从而展现出地形和纹理上的变化。底层，另一些石头和树桩勾勒出一个戏水池。夏天，教师使用水管浇湿石台，给戏水池里加水。涵洞上架起一些小桥。底层沙坑的一个老树干给小鱼苗制造了攀爬障碍，也是大孩子们闲逛的好去处。很深的灌木丛遍布整个场地，非常适合躲藏和探索。各类花朵在不同季节盛开，吸引着昆虫和蝴蝶。柳树位于戏水池附近，给各种艺术项目提供了树干。若需要，工作人员可以为幼儿园的孩子围合出一个小专区（图6.5）。以上全部的制造成本是75万丹麦克朗（当时约合13万美元）。

图 6.5 穆尔加登学校的操场（1998 年建成），位于丹麦哥本哈根，由赫勒·纳贝隆设计。纳贝隆在 2005 年拍摄了这张照片（赫勒·纳贝隆供图）

北欧的两所新环境教育中心很好地展现了在大尺度上运用自然元素时通常最有说服力。赫勒·纳贝隆再一次发挥自己的才能，建造了一个儿童可与大自然互动的地方：位于丹麦菲英岛（Funen Island）的米泽尔法特（Middelfart）欣德加夫尔鹿园（Hindsgavl Deer Park）。市政府在占地 170 英亩的野生动物园内建造了一个户外活动中心（由 AART 建筑设计事务所承建，2012 年建成）。该市要求纳贝隆负责设计景观，包括为儿童建造的特定游乐区。该园的场地沿着陡峭的山坡缓缓下降，几乎环绕了整个活动中心。纳贝隆尽可能保证了场地不受干扰，并使用蜿蜒的砾石小径引导成人和儿童前行。

从儿童的视角来看，该园的主要特征是拥有不同大小和类型的迷宫。由植物、岩石或原木制成的 13 个迷宫吸引着孩子们在舒适的自然环境中

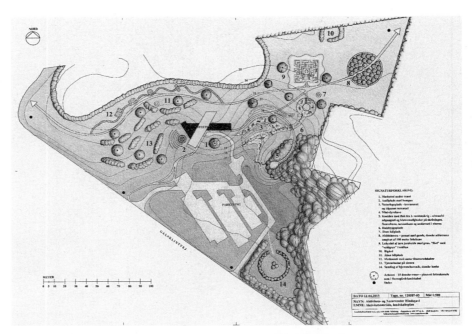

图 6.6　丹麦菲英岛的米泽尔法特欣德加夫尔鹿园规划图（2013 年设计），由赫勒·纳贝隆设计，蒂姆·埃比孔（Tim Ebikon）手绘着色（赫勒·纳贝隆供图）

跑步、跳跃、检测自己的荡秋千技能。 纳贝隆还在一座山上挖掘建造了一个圆形剧场，为儿童的户外表演提供了场所。总的来说，这些设施可确保儿童能够发挥创造力，仅利用周边的自然条件便能创造出自己的游戏活动（图 6.6）。

　　位于阿姆斯特丹（德里福斯，De Drijfsijs）的环境教育中心于 2012 年开始对外开放，它表明自由进出而且郁郁葱葱的美景可使环境设施焕发出自己特有的生命力。Carve 公共艺术设计公司为儿童创造了一个神奇空间，既可通过教育中心的指南来了解大自然，也可自己亲身前来体验。Carve 公共艺术设计公司与该市的尼维斯特区（NiewWest）合作维护着这个该市最大的公园——斯洛特公园（Sloterpark）内的设施。

　　参与度是该公园与其他风景如画的公园的区别。该公园毗邻学校，任何人都可随时来游玩。园内既没有设置障碍也没有安装围栏。Carve 使用了各种策略来吸引儿童，儿童亦可在沼泽或树丛中创造、挖掘或构建他们选择的任何东西。设计师小心翼翼地堆放好木枝，希望儿童能够爬上去，发现在那里筑巢的动物。浸泡着圆木的水体对儿童具有吸引

图 6.7　斯洛特公园里的环境教育中心（2012 年建成），由 Carve 公共艺术设计公司设计，位于荷兰阿姆斯特丹（Carve.nl 供图）

力。一些圆木以一定角度放置，在上面爬会很有挑战性。还有些圆木被用作桥梁，让儿童能直接跨越水面（图 6.7）。更大胆的儿童希望自己能悬在水面上，对于他们而言，高架悬索绳的魅力是不可抗拒的。另一片水域有一座桥，桥的一侧有栏杆，因而轮椅可靠近桥的边缘。所有水都被循环利用，山丘是用园内挖掘出的土方堆起来的，因此无须运进新土。Carve 的埃尔格·布利茨坚持要求在树木周围放置优雅的自由形状的木制长椅。这些长椅都位于靠近公园入口的区域。布利茨设想的是父母去闲逛、阅读或聊天，而孩子则沉浸在大自然中（图 6.8）。

图 6.8 斯洛特公园内的环境教育中心（2012 年建成），位于荷兰阿姆斯特丹，由 Carve 公共艺术设计公司设计。设计师设想父母在这些漂亮的长椅上休息、阅读，而孩子则去探索公园的其他区域（作者摄于 2012 年）

连根拔起的自然：动物、树木

大自然里必须有动物存在，Carve 试图在环境中心的木堆中进行尝试。虽然美国越来越多的校园正在引入园艺或户外课堂，但人们很少将与动物互动作为校园关注的体验之一。在特隆赫姆的斯瓦特拉蒙（Svart-lamon）幼儿园（"艺术文化学校"），动物是日常校园体验的一部分。

设计该幼儿园之前，建筑师盖尔·布伦德兰（Geir Brendeland）和奥拉夫·克里斯托弗森（Olav Kristoffersen）（Brendeland & Kristoffersen 建

筑设计事务所，位于特隆赫姆）之前因在附近设计了一个低成本的重返社会训练所而获得了认可。为设计出精美的房屋，他们使用了未经处理的木材。房屋建成后，附近的汽车经销商试图将住宅及其土地一起卖给开发商。作为斯瓦特拉蒙地区的一分子，附近居民表示了抗议，他们认为社区需要的是一所适用的幼儿园，而在这之前，家长们只能合作轮流看护孩子。

Brendeland & Kristoffersen 建筑设计事务所将曾经的汽车经销店铺改造成了私立幼儿园，该园凸显了艺术元素，遵循了雷焦艾米利亚（Reggio Emilia）式的网络学校原则。就像设计重返社会训练所一样，建筑师使用了原木，以方便儿童悬挂自己的艺术作品或直接在墙壁上涂画。孩子们可在朝向前方的教室清楚地看到户外环境。看起来像混凝土的木墙围绕着儿童玩耍的场地。这个屏障是必要的，因为邻近的道路上经常有卡车经过。漂流木和攀登设施构成了官方的游乐设施。在幼儿园游乐场的任何角度都能看见的山丘并非主角，真正的亮点是与游戏区相邻的动物活动空间。孩子们喜欢去看望那里的羊群，看着它们被剪羊毛，以及羊毛是如何缠绕的。春天，每当羔羊到来时，孩子们都会非常兴奋。值得注意的是，绵羊是孩子日常生活中不可或缺的一部分，对于儿童来说，它们不是真正的宠物，也不是农场动物，它们成了自然环境的一部分。这所幼儿园已适应了自然元素，因而达到了最妥帖的"平凡"[25]。

游乐场利用毗邻羊圈的雷米达（ReMida）回收中心，该中心（同类设施国际网络的一部分）遵循了雷焦艾米利亚原则，为艺术项目和建筑项目提供了可再利用的废弃品。该市的所有学校都可以利用这些废弃品。对于斯瓦特拉蒙幼儿园的孩子来说，其意义非凡，因为这是他们可在现场使用，以搭建自己想创造的作品的材料。孩子们在绵羊和回收中心之间来回往返，将冒险游乐场的开放式活动与真实的动物日常情景结合起来。他们将时间合理地分配到人造材料和更贴近自然的环境中（图 6.9）。

理想情况下，自然游戏无序但是可塑的。场内应该有无数树枝、岩石和沙子供使用。我们不应忘记，更加精致的自然环境，即"连根拔起的自然"，亦可发挥作用。这样的环境是可持续的，美观又实用。MVVA景观设计事务所在芝加哥北格兰特公园的规划中加入了一些有趣的元素。该地区位于千禧公园以东，将被命名为玛吉戴利（Maggie Daley）公园，以纪念前市长理查德·戴利（Richard Daley）的妻子。和千禧公园一样，

图 6.9 斯瓦特拉蒙幼儿园（2007 年建成）的户外场地，位于挪威特隆赫姆，由 Brendeland & Kristoffersen 建筑设计事务所设计。拍摄角度取自回收中心（就在隔壁），可看到园内饲养的羊群及后方的山丘（特隆赫姆的 Pål Bøyesen 和雷米达回收中心供图）（彩图 8）

戴利公园坐落于地下停车库上方。车库的顶板需维修时，催生了拆除旧公园建造新公园的需求。作为其中的一个亮点，MVVA 景观设计事务所为儿童设计了一个魔法森林。[26] 由于无法移植原来公园的树木，MVVA 景观设计事务所便将树皮剥去，倒着放置这些树木。他们让儿童在进入新公园的时候会收获突然的、充满奇思妙想的惊喜。

帕特里克·多尔蒂（Patrick Dougherty）的艺术作品立足于魔幻之感，其大部分作品分布在大学或艺术博物馆中（例如华盛顿特区敦巴顿橡树园的花园、佛蒙特州的米德尔伯里学院、火奴鲁鲁的当代艺术博物馆）。作为艺术史学家和雕塑家，多尔蒂在三十多年前便从传统的雕塑材料转向了用树苗打造的环境艺术。他每年只制作 10～12 个项目。在加利福尼亚州索萨利托（Sausalito）的贝克堡（Fort Baker）湾区探索博物馆，他创造了一个有多个空间的作品，儿童可被树干遮住，躲藏在小空间里，甚至能在柳条上刺戳。这种"活体艺术"的正常寿命是 2 年，但博物馆勤于维护，他的作品被持续使用了长达 7 年。[27]

　　在博物馆外有个"瞭望湾"（Lookout Cove）游乐区，场内的藏猫猫宫（Peekaboo Palace）（2012 年建成）取代了多尔蒂的"活体艺术"（该作品最终损坏了），场地相同，但多尔蒂扩建了他的作品，占地面积更大。藏猫猫宫位置偏僻，从这个经过精心设计的、带有船用工具和砾石的游乐区不容易看到它，儿童必须行走一会儿才能找到它。来到藏猫猫宫时，并没有一个大门使它容易被发现。场内有几条小路，进去后，儿童可探索不同的角落，体验各种光源，可以通过窗户爬进和爬出，但屋顶被有意做成波纹状，以阻止他们在上面攀爬。儿童很快就能明白这里没有固定的路线，柳树本身的复杂性也在发挥作用。一个场内现存的青蛙头花岗石雕塑（Marcia Donahue 的作品）被多尔蒂融入其作品中，孩子们看到这个雕塑时会感到很惊喜（图 6.10）。

　　该作品的最终成本略少于 4 万美元。乍一看，作为临时艺术品，这似乎是一个很高的成本。事实上，其花销是很划算的。该作品独一无二，

图 6.10　藏猫猫宫（2012 年建成），由帕特里克·多尔蒂设计，坐落在加利福尼亚州索萨利托的湾区探索博物馆内。多尔蒂为该场地量身打造了这个作品，整个施工期间他都在现场，并亲自选择志愿者进行修建（作者摄于 2013 年）

因此儿童的体验无法复制。博物馆尽职尽责，可以让该雕塑持续使用6～7年，相比之下，现成的设施可能需同样或更高的费用，却没有任何精心的设计，且通常设施折旧非常迅速。

"连根拔起的自然"也有强有力的感召力，极能吸引人群去游玩。Helen & Hard建筑设计事务所（设计了地质公园的公司）为维多利亚和阿尔伯特博物馆的一次展览（于2010年举办）设计了一个不寻常的作品："建筑师建造的小空间"。客户要求提供一些异想天开的设施，建筑师们想到了树木。儿童在森林里玩耍时，树木为他们提供了生动的童年经历。"游戏空间"和他们选择玩耍的区域之间没有人为的区分。建筑师希望在森林中玩耍的儿童能在令人振奋或平凡的事物之间自如切换，便将该作品命名为拉塔托斯克（"Ratatosk"）。这个名字意为神话般的松鼠（字面意思是"钻牙"），它们会啃咬树木也能够向北欧神灵传递信息。通过加入北欧神灵的元素以及参与到树木的整个生命周期中，拉塔托斯克将自己定位为永恒世界和普通世界的一个参与者。Helen & Hard建筑设计事务所充分利用了那5棵树，通过重新排列组合来赋予它们"新生命"，因而形成了一个统一的攀爬区域。[28] Helen & Hard建筑设计事务所为项目选用了白蜡树，白蜡树结实、生长迅速，因此其可持续性指数非常高。建筑师将树木垂直锯开，准确量好尺寸后进行铣削。这样做使得树木内部很光滑。地面有个圆环将树木固定在一起。从树上剥下的树皮被放在雕塑攀爬处下方的安全垫子内。树枝被分割成薄片，连在一起形成了树冠。

V & A委员会引领了未来可能会有拉塔托斯克森林的趋势。拉塔托斯克这个概念已经在斯卡德贝格巴肯（Skadbergbakken）发挥作用，斯卡德贝格巴肯是一个在斯塔万格市外围的新住宅开发项目。Helen & Hard建筑设计事务所为这个毗邻新铁路线的新社区（单户住宅、小户型住宅、老年人公寓）做了总体规划。建筑师在学龄前儿童玩耍的地方增加了三棵枯树，用绳子连接起来供儿童攀爬。

使用自然元素的理念是很有力的，我们应在恰当的时候利用这一点，无论它是生还是死。目前这是一个热门的但不一定是严格评定过的主题，因此我们在对其进行评估的时候要特别留心。很多时候，我们过于盲目地追随或者抛弃这些元素。超级风暴"桑迪"（2012年10月）中，美国东北部健壮的老树被连根拔起（仅纽约市便有可能损失了1万多棵），之后只有少数机构打算将这些树去皮，制作成攀爬设施。布鲁克林的展望公园联盟使用了这些树木以及在之前的飓风"艾琳"时损失的树木，还有 2010 年的一次龙卷风期间损失的一些树木，这些树木成了唐纳德芭芭拉朱克（Donald & Barbara Zucker）自然探索区的基础，而这个自然探索区以最好的方式利用了大自然的奇思妙想。

第 **7** 章　发展方向

　　为创造与前面提到的案例同样或者更具活力的游乐场，如今我们需要自信地寻求新方向和新政策。我们不应局限于设计"游乐场"，而是应思考更广义上的"游乐景观"或"游戏场地"，这些空间与周围环境融为一体，是更广阔场景的一部分。我们必须重视建筑师和景观设计师在这个过程中发挥的作用（并邀请他们一起参与），必须找到成本回报高、能可持续发展的方案。我们需深入了解孩子真正的、常常被掩盖的愿望。如果我们不做出改变，美国大多数游乐场便依然很平庸，儿童继续被隔离，游乐场使用率继续下降，资金枯竭。我们不仅没有机会重新思考游乐场的设计，也不能丰富我们的环境和生活。

限制

　　限制和约束不再是可行的解决办法，我们需要清除物质环境里和观念上的障碍。如果我们尝试将参考模式从封闭式游乐场切换到更开放的游乐场地，便立即会发现现有设施和高围栏是有局限性和过时的。我们的目标是创造代际交流的空间，以儿童和游乐场所为重心，帮助孩子成为成熟、独立的成年人。如果游戏场地是排他性的，这一目标就不能实现。成年人必须权衡自己的恐惧从何而来，意识到自己惧怕陌生人可能是道听途说造成的，而非受真实情况影响。我们不应考虑让陌生人走开，而应是吸引他们。奥瑟·埃里克森在 1985 年提出，游乐景观优于游乐场，我们应按照她的建议采取行动。甚至更早时候，在 20 世纪 60 年代后期，许多建筑师、规划师及其他倡导优化公共空间的人都要求建立小型的、不设围栏的、开放的场地。这些并不是新想法，我们需要重新调整、重新采用它们。[1]

建筑师、景观设计师、艺术家

前几章中的案例展现了艺术家、雕塑家、建筑师和景观设计师是如何的富有想象力、能准确把握用户需求并具有敏锐的塑造场地的意识的。在一些案例中，例如 Helen & Hard 建筑设计事务所、Superuse 工作室设计的作品，所用材料丰富而廉价。大众多认为，雇用艺术家会增加成本，但事实上，这可能会降低成本，因为艺术家不必纠结于使用传统的游乐设施。同样，未被定性为游乐场的艺术品通常不受美国安全准则的约束。

目前，美国的"百分比艺术倡议"项目涉及游乐场地时总是受挫，但该项目可能就是解决问题的关键。场地确定而独特，这些项目最有可能唤起记忆、创造出场地特色。这些项目可赞助增强儿童户外体验的艺术品，承担与特隆赫姆的项目相同的成本。自 1959 年以来，美国城市中开展了一些与建筑师、景观设计师在 20 世纪 60 年代设计的创意游乐场相似的项目。然而，在率先实施了美国的"百分比艺术倡议"项目的费城，结果并不乐观。该市拒绝资助雕塑家、游乐场设计师乔·布朗（Joe Brown）设计的游乐场，认为雕塑不可以是游乐场。费城的严厉声明以及后来的联邦指南阻止了许多美国艺术家进入游乐场设计领域。现在在强有力的鼓励下，城市管理者和艺术家有了开始重新思索的机会。

设计师与儿童

艺术家可能未参与游戏设计，但近几十年来关于儿童的问题并未被忽视，特别是在从商品目录中选取游乐设施时。旨在将孩子们的设计融入游乐场设计的计划已促使儿童加入设计阶段（通常会大张旗鼓宣传，引起公众关注），但孩子们经常不能成功完成设计任务。设计一旦被移交给儿童（这在美国每天都会发生），我们通常会要求他们考虑桩子、底板以及其他现成设施。让儿童自行设计游乐区，这种想法是感情用事，是行不通的，游乐场只会维持现状，这也阻碍了创新。让儿童掌控游乐场设计的主张可能反映出了游戏项目获得支持的艰难。令人愤慨的是，把设计转交给儿童的倡议竟成为一个获胜的法宝，可以获得高额投资。让儿童参与也可能是误解了 1990 年的"联合国儿童权利公约"，该公约规定儿童可以对影响他们的行为表达看法，他们也有权利玩耍和娱乐。

设计师当然应倾听儿童的意见，向他们学习，理解他们的愿望，创造出超出儿童期待的场所。如果儿童的绘画反映的是他们的日常生活或是幻想，那便可以发挥一些作用。在一些案例中，公园将画作融入了固定的陶瓷锦砖或壁画中，为新游乐场增添光彩，增加了儿童的主人翁感。在美国，公共土地信托基金会（TPL）发挥带头作用，使孩子们热情地投入到永久性作品的制作中。作为"公园服务人民"项目的一部分，他们致力于"制作创意场地"，经常邀请艺术家参与设计过程。在加利福尼亚州奥克兰的贝拉维斯塔（Bella Vista）游乐场，公共土地信托基金会委托金属制造商埃里克·鲍威尔（Eric Powell）设计入口处的大门，鲍威尔将找到的物品（包括儿童在家中或旧操场上收集到的物品）整合到最终作品中。在其他场地，公共土地信托基金会的艺术家与高中生合作，这些高中生制作了用玻璃和瓷砖构成的编织物并把它放置在操场上。[2]

纽约市立大学儿童环境研究组的主任罗杰·哈特（Roger Hart）指出要求儿童设计游乐场的局限性。儿童富有想象力，但他们只能画出自身所见。因此，要求儿童"设计"游乐场并不能改变场地的模样。[3]哈特建议询问儿童一些问题，这些问题将展现他们最基本的恐惧情绪、想法和愿望。问题几乎都以间接方式提出。他询问儿童喜欢做什么，恐惧什么，他们不应做什么，以及让他们感到舒适的是什么。他的策略还包括密切观察儿童如何玩耍和互动。

挪威的 TYIN Tegnestue 建筑设计事务所（由 Yashar Hanstad、Andreas Gjetsen 创立）设计了自己的策略，以使儿童的心声在服务欠缺的东南亚社区也可以体现出来。[4]他们的方法很好地满足了他们对"必要性架构"（这个术语已存在了约十年）和"社会可持续性"（他们自创的一个术语）的追求。[5]该公司屡获殊荣（2012 年荣获欧洲建筑奖、城市 2.0 奖），它与学生（许多来自挪威科技大学）一道，学习了如何让儿童讲述自己的故事。他们要求孩子画画，目的是让儿童画出自己所知，而不是所想。

在曼谷孔堤区（Klong Toey area），TYIN 设计了一个组合型游乐场，同时也是体育场、社区中心，这个游乐场曾是足球场，但随后又成了一个垃圾堆积的废弃场地（约 15 英尺 × 38 英尺，相当于 4.6 米 × 11.6 米）。该游乐场位于一个极其落后的贫民窟，这里有 14 万人生活在不合标准、未经批准的住房中。这里暴力和毒品猖獗。建筑师提出建立一个安静区域以供闲聊和游乐，在这里可以逃离生活里的危险因素，并有可能引入其他社会服务。他们希望，居民发现在此可以成功做些什么之后，便能采取更具当地特色的管理和行动。这个场所同其他优秀的游乐场一样，会不断变化和改善。

　　TYIN 询问 5～10 岁的孩子：他们的家庭生活是什么样的？他们在家里做什么？挪威设计师注意到，儿童用画笔展现家庭生活时总是画上一束明亮的阳光。他们很快就发现，阴凉对于这些孩子来说是一种奢侈品，而这应成为设计的主要目标。他们还要求儿童带来家里不需要的物品，就这些物品他们展开讨论。有个孩子带了一些玻璃杯过来，设计师考虑了可能的用途和设计目标。最后玻璃杯用于悬挂灯泡，为夜间的游乐场提供良好的照明。

　　最终的作品是用了一年时间筹划、一周时间完成的"孔堤社区灯笼"（图 7.1）。名称中的"灯笼"很适宜，也暗示了"玻璃"的存在。灯笼维

图 7.1 "孔堤社区灯笼"（2011 年建成），位于泰国曼谷，由 TYIN Tegnestue 建筑设计事务所 设 计（Pasi Aalto 摄，TYIN Tegnestue 建筑设计事务所供图）（彩图 9）

护着光亮，就和房屋意在提供安全和保护一样。这里成就的一切令人鼓舞。儿童的绘画表达出他们在俯视楼下的同龄人玩耍，这给了设计师灵感，使他们设计出一个两层（两侧都是两层）、相距 15 英尺（约 4.6 米）的组合式建筑。建筑师使用旧木材、金属以及新型建筑材料，建造了一个带中央庭院的椭圆形建筑。他们用当地的金属打造了夹层。还有个舞台供演出和开会使用。混凝土的舞台基础避免了众多不便，尤其是在雨季。

木材被分层处理，临街一侧可以透视，而朝内的更为封闭。这两个"墙壁"之间有一个过道，同时也是休息区。庭院的一端有一个篮球筐，也是足球场。庭院更窄的一端靠着半封闭出入口，通往街道。儿童可随意坐在任何楼层观看体育活动，在第一层他们可坐在秋千上。如设计师所预期的那样，孩子们喜欢沿着木墙爬到不同的高度。TYIN 的高级合伙人亚沙尔·汉斯塔德（Yashar Hanstad）说里面有楼梯，但孩子们尽可能不使用它们，这正是设计师所希望的。

公共场所的未来

在我们这个时代，游乐场、图书馆都有可能变得无关紧要。这些场所的发展历程相似，如今两者又都陷入了危机。首先是公共图书馆于 19 世纪中叶出现，20 世纪到来之前公共游乐场也已诞生，尽管在之后的发展过程中它们的侧重点和目的发生了变化。这些最初的城市机构向无数的城市移民提供服务，每一个机构都旨在改善生活，每一个都深深植根于我们共有的过去，每一个都受到技术、不断变化的用途和需求以及各类投资人的影响。值得赞扬的是，图书馆正积极评估如何在普通居民中发挥自身作用，有些图书馆已重新定义了自己的形式和功能。[6]

其他之前未作为公共广场的建筑类型正面临着重组的挑战，奥斯陆歌剧院可能是其中的最佳案例之一（Snøhetta 事务所设计）。建筑两侧的大道从宽阔的广场一直延伸到顶端，与建筑后面的一条宽敞的长廊相连。这些增加的功能都不是歌剧院或芭蕾舞剧院所必需的，建筑师希望通过全天候提供散步的空间来重新定义"城市广场"，因而修建了它们。同样地，位于葡萄牙波尔图（Porto）的"音乐之家"（Casa da Musica）（由大都会建筑事务所于 2005 年设计）有一个宽阔、起伏的广场，这一安排明确地让人们有机会把滑板运动带到这里——一个曾被忽视的地方。这个音乐厅的教育工作者也正与滑板运动员合作，将滑板的声音融入音乐作品中。[7] 当然，作为大型公共场所的游乐场所也同样具有创新性。我们应该考虑的是，这些空间像优秀的图书馆或音乐厅一样能丰富日常经历。如果游乐场要在社区中一直保持着不可或缺的地位，便需要经历类似的转变。

同时我们必须抵制（源于受挫的）独立行动。如果公共场所不再吸引儿童，我们对用私人场所填补这一空白的做法应保持警惕。我们会看到越来越多具有通用设施的按天付费的室内娱乐中心，儿童与场地本身或在那里玩耍的其他孩子没有任何关联。同样，我们可能会看到绝望的父母所采取的行动或许会无意中破坏了对公共项目的支持。博主、前互联网企业家迈克·兰扎（Mike Lanza）就是一个很好的例子。他的家位于加利福尼亚州门洛帕克（Menlo Park），他将前后院改造成了"邻家游戏乐园"（Playborhood）。[8] 兰扎希望能确保自己的孩子有充足的时间在户外玩耍，也有许多与邻居闲逛的机会。他对自己孩子的成长和他们对有趣的户外体验的需求具有浓厚的兴趣。他自己在前院设置了水景、自制攀爬设施兼休息站，并向邻居的孩子们开放。虽然我们赞叹他的奉献精神和慷慨，但也不应忽视他将私人场所变成公共场地来有效增加公共空间这一事实。他利用自己的时间、金钱和土地来创造模仿公共空间的事物。也许这是在无意中承认了他必须自己提供在附近公园已不复存在的美好体验。

重新定义风险：走向国家政策

三种恐惧阻碍了我们为孩子创建和维持丰富的游戏场地。有些父母因孩子的安全问题感到极度恐惧。与这种恐惧相关的，有些父母不相信自己的孩子能做出正确的选择或有能力保护自己。我们也对陌生人有着毫无根据的恐惧，特别是当这些人没带孩子出现在公共场所中的时候。虽然一些恐惧症因根深蒂固而被视为我们文化的标志，但仍有可能改变或至少转变其中的某些想法，这样我们所有人的恐惧情绪都会减弱。我们需要让父母知道，他们的过度保护、不支持和惧怕陌生人不能帮助自己的孩子。我们必须反对恐惧，相信儿童自己能提防坏人。

多年前，游乐场是儿童与父母分开的第一个地方，是儿童学习独立行事的地方。我们周边有这么多恐惧的父母，我们必须把他们的想法扭转过来。让我们告诉父母独立对孩子来说多么重要，让我们敦促家长把任何游戏场所看作是让孩子自给自足的第一个地方。游戏空间应该成为父母的"实验室"，在这里他们可以迈出让孩子对自己的行为负责的"第一步"，在这里父母可暂时放下自己的恐惧。

有时，成年人（甚至是老师）必须学着放下自己的恐惧。设计师微小的推敲可以帮助美国的成年人不再犹豫：例如，将座位设置在距离游乐场设施相对较远的地方，这发出了一个讯息，表明孩子应该独立玩耍。我们可以建立一个这样的游乐场，让成年人能放松自己，又能在较远距离照看儿童。MVVA 景观设计事务所的高级合伙人马修·乌尔班斯基（Mathew Urbanski）对此十分了解。作为景观设计师，乌尔班斯基及其团队正开始为俄克拉荷马州的塔尔萨（Tulsa）设计一个大型公园（获当地的乔治·凯瑟家族基金会支持），他们在园内设计了一个高大且适合成年人的休息区。乌尔班斯基将其称为"全景"金字塔，成年人可坐下来放松一下，同时也可远远地看着自己的孩子。他认为，这对儿童以及他们的自由来说十分必要，他还认为这是公园成功的必经之路。他笃信父母能否享受舒适的环境会直接影响到儿童的逗留时间。如果父母未能找到令人满意的地方停留，他们可能会带上孩子去其他地方。[9]

除了改变个人对风险的看法和态度外，我们还需进行高层次的制度变革。到目前为止，法律的修订如各州的娱乐豁免法等一直都是零星的，有几个州颁布了这种类型的法律，规定除非有重大疏忽，一律免除当地公共场所（通常包括游乐场和滑板公园）被起诉的可能。但意想不到的后果出现了，地方政府推迟了对公园的维护，因为他们以为豁免法可以让他们免于被诉。[10]一度被寄予厚望的豁免法现在似乎行不通。也许在未来可用另一种法律来抵消它们的无效性。

现在，我们需要勇敢地行动起来。我们必须对要求进一步加深"已过度安全"的联邦指南提出质疑，这些指南阻碍了"具有挑战性和刺激性的、令人兴奋的游戏带来的益处"[11]。英国的机构采用了更加深思熟虑的先创方法，包括凌驾于零风险政策之上的风险效益分析。20 世纪七八十年代，英国人也认为儿童需要保护，因而继续强调可能伤害孩子的最坏情况。[12]虽然个别父母可能仍然赞同这种理念，但英国政府的看法却发生了重大变化。

英国人在改变这种思想方面已取得了巨大进步，这表明在强有力的领导和明智的主张下，系统性变革便有可能发生。20 世纪 90 年代末国家

环境发生的变化某种程度上体现在"新工党"的出现（托尼·布莱尔于
1997 年成为首相），其社会政策十分广泛，强调个人责任以及公私合作关
系。游戏安全论坛（PSF）在全国范围内开始反对过度安全，并争取采用
更加均衡的方法。游戏安全论坛的构成非常引人注目，它汇集了各种机
构如皇家事故预防协会（RoSPA）、儿童游戏委员会（后来的"游乐英格
兰"，由国家儿童局主管）的全国总负责人，来自威尔士、苏格兰和北爱
尔兰的游乐机构的代表，全国游乐场协会（土地信托基金会的前身）以
及游乐设施的制造商。

　　2002 年，游戏安全论坛发表了第一篇重要论文。该文题为《管理游
戏规定中的风险》（*Managing Risk in Play Provision*），它成为主要用于"风
险效益分析"的评估系统框架。标题中最有说服力的词是"管理"，并不
是消除或根除风险。2002～2012 年，游戏安全论坛又发布了一系列改进
措施，同时，当地的游乐场所从国家彩票处获得了大量资金。截至 2008
年，联邦拨款总额达到了 3.9 亿英镑。英国政府秋季发布的一份文件宣布
将进行"为期十年的儿童计划，旨在使英国成为世界上最适合儿童成长
的地方"。[13]

　　同年（2008 年），游乐英格兰制定了一份实施指南（由蒂姆·吉尔、
伯纳德·施皮加尔和戴维·鲍尔撰写），其中叙述了风险效益分析是如
何运作的。这是一个有趣的分析机制，不涉及评分或任何具体的"禁止
事项"，而是为游戏项目列出了评估步骤：确定益处、识别风险、选择
性比较（如是否有必须取缔的事物，是否有设施太简单而不具挑战性）、
研究先例以及定位比较、做出判断并贯彻实施。正如蒂姆·吉尔所说，
这个过程要求人们在常识的基础上评估游戏场地，并判断特定的物品或
设施是否合理。2008 年出版的政府官方文件《维护安全：政府的防护
策略》（*Staying Safe, the Government's Safeguarding Strategy*）似乎也赞
同了风险的作用，其中承认了"'用棉花裹着儿童'或者尽可能减少一
切风险，无论多小的风险，因为担心被起诉就不去冒险，这样做会对儿
童的游戏可能性以及适合他们年龄段的探索、接触世界的自由产生负面
影响"。[14]

　　最重要的是，英国健康与安全执行委员会（类似于美国的卫生与人
类服务部和消费品安全委员会两者的合并）在 2012 年（正值保守党戴
维·卡梅伦领导的联合政府期间，同年还有关于游戏规定管理风险实施
指南的手册更新出版）发布了自己的高级别声明。该声明清楚地表示，

　　由于我们不可能生活在一个没有风险的世界，设计游戏环境时进行风险效益分析最合适不过。这一声明至关重要，因为它表明英国最高级别政府支持风险效益分析，蒂姆·吉尔称之为"有益风险"[15]。英国皇家事故预防协会现在的座右铭是："提供必要的安全，而不是越安全越好"。对于该协会（"世界上最大的游戏安全组织机构"[16]）来说，这是一个很好的口号。即使是赞同"儿童权利公约"的联合国也正在采取一种方法，那便是询问："什么才是足够的安全？"[17]

　　英国已有证据表明他们的政策正在产生令人惊叹的效果。这里有两个例子表明了人们态度上或大或小的变化。首先，儿童回收品商店正全面展开一个项目，即将干净的废弃品（织物、管状纸板、电脑键盘）的运送箱（PlayPods）带到校园里。其次，英国公司直立建筑（erect architecture）的创始人芭芭拉·考茨基（Barbara Kaucky）和苏珊娜·图奇（Susanne Tutsch）表示，国家的有益风险政策已经解放了她们的设计

图7.2　伦敦伊丽莎白女王奥林匹克公园北部的游乐场（2013年建成），由直立建筑（负责游戏结构）和LUC（负责景观设计）设计。该项目位于2012年奥运会后留下的一个场地，在由伦敦遗产开发公司赞助的比赛中获奖（David Grandorge 摄，erect architecture 供图）（彩图10）

理念，并创造了更好的客户，他们现在会更加大胆地思考儿童的空间。[18] 她们设计的伊丽莎白女王游乐场就是一个很好的例子（图 7.2）。该游乐场所在地曾是 2012 年奥运会的场地，2013 年，游乐场首个公共区域对外开放，便由于建立在自然的基础上并值得花时间玩耍而在国际游乐场比赛中获胜。直立建筑的方案（其中带有一个野外小屋）是利用水、沙、绳索结构和树木来创造一系列精心设计的游玩体验。建筑师试图为儿童创造"测试勇气和能力极限"的途径。终极测试被称作"苏格兰松树"，为到达这些由空心树木改造而成的错综复杂的编织结构，儿童必须走过摇摇欲坠的桥梁，爬上用圆木稳定的堤坝，高大的树上还吊着一个秋千。秋千看起来很脆弱，吸引着儿童前来研究它是否能承受自己的重量。儿童（约 5 岁以上的孩子，但现在也吸引了许多青少年）可做出很多选择，他们能掌握的事情或能克服的困难我们永远也不会完全了解。原奥运场地的其他区域被重建后，该游乐场将与现有的社区相连，有可能成为社区里富有吸引力的中心场所。

美国行动

诚然，美国的法律制度与英国的相比大有不同。英国法律不利于起诉人，失败的原告必须支付所有费用。英国没有陪审团制度，这也可能制止了一些无聊的诉讼。三位法官应精通他们需思索的案件，然后做出判决。英国人拥有历史悠久的国民健康体系，他们的教育理念与我们的截然不同。他们的"早期基础阶段培养方案"（EYFS）于 2008 年 9 月开始，这是一项综合性计划，强调"安全、健康、成就、做贡献、经济上可持续"[19]。5 岁以下儿童的课程鼓励冒险，一位拥护者指出，"从业人员面临的挑战可能是审查（户外）空间、找到增加风险的方法，而不是将风险降至最低"[20]。

尽管存在这些差异，我们也应越过大西洋寻找指导。如果我们要改变游戏的争论点和游戏的场地，我们需要在国家层面有敢为人先的领导者，这将重新界定我们对风险的接受程度。追随英国的脚步，我们还需高层合作，将不同的团体聚集在一起，这些团体不仅提倡游戏，还支持城市设计、建筑设计和公园维护。医生、公园主管部门、制造商，甚至律师都须参与方案设计。政府基础机构可能已存在，我们已经有了一个消费品安全委员会，现在还需它的领导人重新考虑机构的使命并建立新的合作关系，以便我们能与英国一样制定成功的政策。

自源头（无论在字面含义上还是在引申义上）起，一些有前景的想法和政策已然产生，市长及本地倡导者对未来变化产生影响的迹象也已出现。在华盛顿特区，OLIN 景观设计事务所正在进行富兰克林公园的初步研究，他们考虑打造"一个能一天 24 小时一周 7 天进行社交活动的场地"，他们因此听取了周边居民的建议，即要设计一个没有"封闭式攀爬设施"[21] 的游戏空间。马萨诸塞州剑桥市撰写了一份题为《健康的公园与游乐场》（*Healthy Parks and Playgrounds*）（2009 年）的报告，承认了游戏具有"实验性、挑战性，有时甚至是冒险行为"。

2013 年，芝加哥市长拉姆·伊曼纽尔（Rahm Emanuel）发布了有关游乐场的消息。他代表芝加哥公园区发出信号，称芝加哥将在 5 年内整修 300 个游乐场。其目的不仅仅是要修整老化了的设施，还要在社会和经济方面引起反响。伊曼纽尔希望每个孩子从家步行 10 分钟以内便可到达一个游乐场，这是"为每个芝加哥人提供更高生活质量、更好生活水平的催化剂"[22]。他认为，由于资金有限，游乐场是"最划算"[23] 的快捷方式。公园区将"专业铺面"（他们已决定使用"加工后的木质纤维"）作为新的地面覆盖物，希望每个游乐场的铺面成本能比使用常规橡胶材料的降低 80%。公园区的首席执行官迈克尔·凯利（Michael Kelly）承认该城市的优先事项和选择深受成本的影响，如果公园区选择了一种便宜又令人兴奋的游乐场设计，便无疑是英雄般的举动。最重要的一点是，芝加哥作为美国主要的大城市因融资问题正在重新评估他们的投资去向，并且他们并没有屈服于据称是基于安全考虑的理念：单调的橡胶铺面是必需品。

美国的一些非营利组织，包括公共土地信托基金会（其出色的公司理念：伟大的公园即伟大的城市），刚刚开始在全国范围内发起倡议，在游乐场旁的户外环境中设置运动器材作为其中的健身区。这些器材面向成年人开放，旨在提供免费的健身场地。旧金山的海斯谷（Hayes Valley）游乐场就是这样一个例子。健身区俯瞰着相邻的游乐区，这里以及其他地方都表明健身区将青少年（不仅仅是成年人）带入了公园。有些公园的访客率上升了 500%，公园的使用率总体增加。虽不是一个完美的代际交流场所，但这是一个强有力的开端。[24] 同样令人鼓舞的是，公共土地信托基金会注意到城市公园对房地产成本、旅游资金和当地居民的福祉都存在影响，所以他们已开始测算公园的"经济价值"。

　　杯子是半空还是半满（应悲观还是乐观）？当我阅读纽约市审计长办公室 3 月份发布的《索赔统计警报》（*Claim Stat Alert*）报告时，这个永恒的问题使我感到震惊。副标题"保护纽约游乐场的儿童"并没有直接指出这是在 2005～2014 年期间针对纽约市提起的人身伤害索赔的汇编。它囊括了纽约市近 1000 个游乐场。《纽约邮报》立刻发布了一个杯子半空（悲观）的评估。他们在标题中大喊"城市为儿童游乐场受伤事故支付了 2000 万美元"。

　　我认为应该有一个完全不同的结论，我相信这是一份了不起的文件，它消除了委托人或设计运动场的人所需承担责任的许多担忧。也说明了将敦促侵权改革作为游乐场创新设计繁荣的前提是一个浅薄的论点。

　　在查看报告中的信息之前，请务必留意它来自城市审计员。显然，该办公室将知道发生伤害的地点以及调解或审判的费用。对于那些长期以来一直向公园部门寻求证据的人（他们经常感觉到来到了死胡同），这份报告清楚地告诉他们找错了地方。现在，他们有了一个新的关注点来定位隐藏在众目睽睽之下的数据，尽管纽约似乎是第一个如此系统地收集和传播此信息的人，但我打算从其他主要（甚至更小的）美国城市中获取数据。

　　令人鼓舞的是，这份声明是就整个城市而提出的。在过去十年的漫长审查中，没有一个运动场有超过 7 个索赔要求。15 个游乐场有 4～7 个索赔要求。其余的只有 1 个或 2 个要求。例如，我们可能预期会有两个较新的"危险"公园迅速出现在索赔清单中。我们可能希望引用带有高滑道和陡峭巨石的泪滴公园（Tear Drop Park）；或者，我们可能会认为布鲁克林大桥公园 6 号码头的"水实验室"（WaterLab）的光滑岩石会导致很多起诉。然而这些场所甚至都不在清单上。他们各自的周边公园，炮台公园（Battery Park）和布鲁克林大桥则分别有 1 个索赔要求。

　　仔细研究发现，在整个 9 年的时间里共有 577 件索赔。将其与可能的用户数量进行比较：如果每天只有 20 个孩子来到每个游乐场，那么每年的儿童访问量将超过 700 万！该报告确实具有重要意义，它表明 18 岁以下（2005～2013 年）的纽约市居民数量下降了 7 个百分点，与此同时，每年的索赔数量也从 2005 年的 45 个的最低点增长到 2014 年的 69 个的高点。这一数字增加了 50%，从统计上讲，孩子更少了，索赔要求却更多了。但是考虑到用户数量，人均变动是很少的。一方面，我们可以说索赔的数量"激增"；但另一方面，我们必须认识到实际数量仍然非常少。

2000 万美元的数目似乎（当然也确实是）是一大笔现金。它也需要一个社会背景。仅在一年（2012 年）内，纽约市就赔付了所有"人身伤害和财产损失侵权和解和判决"的 4.859 亿美元。当谈到操场的索赔统计信息中的细节时，似乎该市（像许多大型城市一样是自我保险的）解决了几乎所有（530 件）索赔。其中一些是 20 世纪 90 年代以来的遗存，而另一些在 2005～2014 年之间尚未解决的遗存将在稍后的审计中浮出水面。对于已解决的案件，整体平均和解金额为 38952 美元，这一数字被单笔和解金额 350 万美元的案件歪曲了；该和解案与 1999 年一名 19 岁的女孩荡秋千时在篱笆上撞到头有关。秋千设计的安全使用范围其实对于一个年幼的孩子来说已经足够了，但并不能满足青年人。如果没有该和解，平均支出将约为 3 万美元。这是一笔不小的数目，但也不会让保险破产。个体从业者可以放心，他们自己的保险已经涵盖了类似的索赔要求，而侵权"上限"或其他改革对于他们得到全面保险是不必要的。

绝大多数情况下，操场上的大多数受伤事件是由于维护方面的欠缺，而不是设计或施工造成的。在所有索赔中，几乎有 40% 是由于以下原因造成的：设备下方"缺失垫子或垫子有缺陷"，"破裂或损坏的表面"和"不恰当的维护"。《索赔统计警报》报告没有详细说明具体的伤害情况，但是当我们看一下审计员是如何提出建议时，看起来大多数都是胳膊和腿的骨折。在美国骨科医师学会的领导下，审计员办公室建议：如果我们使用"更软的表面（例如覆盖物、碎轮胎或沙子），可以减少受伤的可能性并减轻对纳税人的责任。"这些建议似乎证实了戴维·鲍尔（David Ball）教授的广泛研究，该研究指出，橡胶安全面层可能是上肢骨折的罪魁祸首。

给我们带来希望的是，纽约市《索赔统计警报》报告证明了市政当局并没有遭受过多的诉讼或有繁重的经济负担。让我们冀望其他城市也会站出来展示自己的数据。但到目前为止，例证不多。例如，《洛杉矶时报》（2014 年 2 月 1 日）的记者史蒂夫·洛佩兹（Steve Lopez）要求该市列出自 2007 年以来的所有索偿要求。他发现"其中一些案件涉及坑洼或破损的操场"，但最主要的说法是人行道破裂造成的伤害（难道我们不认为在洛杉矶没人走路吗？）。如果我们开始看到对其他大城市的类似调查（最好是城市能直接显示其数据），那么我们将可以确定纽约《索

赔统计警报》报告的积极内容是否对其他大城市具有典型意义和指导
意义。

　　改变我们的思维模式、制度和政策只是一部分变革要素，我们必须
考虑改变周围环境，从根本上重新定义游戏场地的模样。下一章将介绍
一些优秀案例。

结语：范例

为了激活户外游戏空间，我们需要重新思考它们的处理方式。除了坚持游戏由儿童发起和以儿童为导向（这也是游戏教练倡导的）外，我们还需提供开放友好的场地，这类场地可以进行一些刺激的有氧运动，允许谨慎冒险、允许试错、激活合作意识、鼓励面对挑战。我们已经看到了许多实现了这些目标的案例。

如果我们从 4 种尺度出发——街道、市政广场、公园和城市规划来进行干预，我们可以继续采取更具开拓性的方法（并寻求最优秀的范例）。我们也可以将这些描述为微观的、多功能的、有吸引力的且全面的干预。在以下案例中，干预措施稳固或完善了邻里关系，也改善了人们体验城市的方式。其中一个案例（第一个案例）调整后可让儿童也加入使用，其他 3 个案例符合各个年龄段用户的需求，虽然成本非常高（100 多万美元），但都物尽其用地创造出了尽可能多的价值。所有这些范例都在不知不觉中像东京的那个小公园一样，重新布局、扩展，与环境相融合，吸引着不同年龄段的儿童和成人，鼓励着不同人群共度一天中的部分时光。它们都允许不同程度的冒险、试错、对自然的使用和探索。这些公园有一个最明显的共同特征：它们都是充满活力并不断变化的竞技场，游客在园内永远不会有重复的经历。

1. 城市街

雷巴尔工作室（Rebar Group）是一个融合多个学科的艺术家工作室，一直在研究一种集座位、玩耍、即兴创作于一体的"社交装置"。他们正在思考如何通过自发行为来改变我们的永久环境，或是让自发行为成为创造永久性事物的一条线索。"泡泡软件"（Bubbleware）是他们最近的一个尝试。它由 3～10 个强化核心力量的健身球构成，健身球被裹在坚韧的防弹尼龙里，可供坐下休息、蹦跳，甚至可用作"活动组件"。正如雷巴尔工作室的一位合作伙伴马特·帕斯莫尔（Matt Passmore）所说，这种流畅的组合运动可让用户找到最舒适的位置。它成了一种城市空间的"实验原型"，在这一空间内用户能评价、测试产品，从而激发更多永久性的设计。

雷巴尔还探索了具有艺术和人文潜力的剩余空间、被忽视的空间以及各类迷你空间。[1] 尽管雷巴尔的设计师以艺术家戈登·马塔－克拉克（Gordon Matta-Clark）为鼻祖，但阿尔多·凡·艾克的影响无处不在。自2005年以来，雷巴尔一直专注于开发冗余空间，当时该工作室租用了一个停车位，并将其改造成了只存在一天的微型城市公园（"停车位公园"）。利用停车场空间的意识因此进一步提升，"停车位公园日"如今成了一年一度的全球性活动。[2]

随着停车位公园的成功，雷巴尔工作室发现停车位有可能转变为成人活动场所。在雷巴尔工作室的所在地旧金山，超过31个停车位成了半永久性的活动设施。该市有一个"铺装变公园"项目（获规划部门支持）专门发放改造许可证。许多建筑师、设计师借此机会在城市各处的改造案例中留下自己的印迹。例如，餐厅可在其周边建造停车位公园，只要这个公园允许任何人（不仅仅是自己的顾客）使用。这类项目的启动成本通常约为1.2万美元；而一年内维护两个停车位的费用为221美元。[3]

雷巴尔工作室正在考虑推广这一理念，将之拓展沿用到供各家各户使用的区域中。雷巴尔工作室最近设计的停车位公园嵌入在卡车内。这是一辆被拆分、截短之后重新组装的折叠式卡车。这可能是一种创造游乐空间的方法，让游乐空间靠近街道但又保持一定距离。鲍威尔（Powell）街的两侧有个新停车位公园，它沿着旧金山最繁华的大道上的缆车线路布置，这些已建造的停车位公园能够将不同年龄的人聚集在一起，孩子们已经开始尝试到处攀爬。景观设计师兼雕塑家沃尔特·胡德（Walter Hood）（就职于Hood设计公司）设计了这个由4个部分组成的停车位公园（鲍威尔街两侧各有2个部分）。胡德在宽阔的人行道上放置铝制和木制的烤架，之后设计了铝制的街道家具及从其中探出的太阳能灯（图c.1）。它表明，这类停车位公园可以成为一个防止儿童跑到街道上的隔断，同时他们可在公园提供的任何能攀爬和跳跃的设施上做各类运动，这也为街道增添了活力。园内还有足够的空间让老年人在别具一格的铝制座椅上休息。[4]

图 c.1　鲍威尔街上的停车位公园（2010 年建成），由沃尔特·胡德设计，位于旧金山（作者摄于 2013 年）

2. 城市广场

　　只有将未充分利用、被遗弃或被孤立的城市空间转变为全年龄活动区域时，这些措施才有效。这些做法通常会将游戏场地融入更宏大的环境，其中可能有交通改道以及新建休闲区域。Carve 公共艺术设计事务所与 Dijk & Co. 景观设计公司以及 Concrete 建筑设计事务所合作，建造了"范博伊宁根广场"（Van Beuningenplein）。位于阿姆斯特丹西区的这个广场（2011 年完工）尽管拍摄效果不佳，却不妨碍它作为一项意义重大、范围广泛的城市规划成就，其影响范围和创造的活力是用一两张照片无法捕捉的（图 c.2）。

　　三家公司组成的团队通过共同努力，成功地将看似对立的需求融合在了一起：青年中心俱乐部、体育设施（足球、滑板、篮球）、全年龄游戏场所、青少年中心、场地管理者的独立办公楼以及一处成人休息场所（图 c.3）。为使该社区空间拥有尽可能多的设施，市政当局决定把所有停车空间放在地下。值得注意的是，挖掘、建造地下停车场以及重建整个广场产生了高达 700 万欧元的成本。[5]

建造新建筑前，这里是一片被遗弃的但又充满潜力的空白铺地。空荡荡的沥青路面，没有任何痕迹表明早在 1915 年这里便有游乐场。周围的住房建于 20 世纪 30 年代，状况良好。项目中的乔灌木如今包围着这个空间。树木郁郁葱葱，但也有许多空隙。这里没有大门，也没有任何指示牌禁止人们入内。这个曾经粗鄙的社区如今因这个新的资源而重新焕发活力，这里无论白天还是夜晚都吸引着游客。

Concrete 建筑设计事务所将空间分成了三个不同的区域，带有数字化彩灯的钢梁有 12 英尺（约 3.7 米）高，凸显了各区域的界限。东边的主入口有一个被玻璃窗环绕的青少年中心，屋顶上有一个潘纳球场。该区域还有体育设施：一个宽敞的足球场和一个篮球场。在场地的周边可进行滑板运动。中心区域专门设置了供野餐用的座位，一个有下沉空间的林下舞台，以及一个独立的凉亭。座位的位置便于大人从两个方向看到孩子，但又保持着易感知、不打扰的距离。凉亭最初是为项目管理者设置的，在该职位取消后，这里变成了一个生意兴隆的餐厅。灯光、座位和咖啡厅的结合意味着这里是夜间聚会的好去处。咖啡厅每周供应两次晚餐，在炎热的季节里其墙壁可旋转打开。

最后一个区域位于西侧，作游玩用。Carve 公共艺术设计事务所创作了巧妙的设施，结合了老式的跷跷板和沙坑，宽而矮的座位和两个攀爬架。其中矮的那个攀爬架在适当的高度有个金属梯子供学步儿童使用，他们可以爬到上面，在那里可以绕树跑，然后通过一个相当陡峭的金属滑梯离开。大一点的孩子可以去较大的攀爬架，梯子的梯级很明显只有五六岁以上的孩子才能爬上去。[6]孩子们可爬上一个波浪形的平台，甚至可以跳入篮子里，让自己悬挂在操场上方（图 c.4）。

Carve 公共艺术设计事务所将秋千和攀爬设施两者结合起来，效果轰动（并且非常便宜）。他们采用摆动吊索，将秋千悬挂在与钢架相交的木梁上，从而创造了一种全新的设施。吊索密集排布，处于不同的高度。儿童可在任意一处荡秋千，荡起的高度可高可低，他们还可从一个秋千爬到另一个秋千。这需要毅力、对高度的预估能力以及身体的灵活性。每个孩子都会通过尝试去判断自己的能力和要面对的风险，每次尝试时

图 c.2　范博伊宁根广场（2011 年建成），位于荷兰阿姆斯特丹，由 Concrete 建筑设计事务所、Dijk & Co. 景观设计公司、Carve 公共艺术设计事务所共同创作。从咖啡馆看出去的景色（作者摄于 2012 年）

图 c.3　范博伊宁根广场（2011 年建成），位于荷兰阿姆斯特丹，由 Concrete 建筑设计事务所、Dijk & Co. 景观设计公司、Carve 公共艺术设计事务所共同创作（作者摄于 2012 年）

图 c.4　范博伊宁根广场（2011 年建成），位于荷兰阿姆斯特丹，由 Concrete 建筑设计事务所、Dijk & Co. 景观设计公司、Carve 公共艺术设计事务所共同创作。Carve 重新配置吊索秋千，设计了这种巧妙的攀爬设施（作者摄于 2012 年）（彩图 11）

都有可能采取需要更多努力、更困难的路径。下面有一个山丘状的橡胶地垫，附近还有一些更矮的山丘地垫。这些山丘除具保护作用外，还能从视觉上引起游客的兴趣。

　　范博伊宁根广场很好地证明了投资公共空间的好处：它振兴了城市的一个区域，让不同的人聚集在一起，不同的时间段有不同的人群出现，如早上的学步儿童、下午的青少年和晚上的成人。它也表明了体育中心和有组织的活动可以与更多不同年龄的随机游客（包括儿童）一起共享空间。

3.　城市公园

　　城市公园拥有人们所期待的户外游戏发生的常见的尺度和场地。位于旧金山多洛雷斯（Dolores）公园的海伦迪勒（Helen Diller）游乐场用它精美的设计给这座美丽的城市锦上添花，并以此留住了附近的居民。支持者（其中包括多洛雷斯公园游乐场之友组织、旧金山的一位慈善家以及游乐与公园管理部）希望确保在这个靠近教会区的逐渐贵族化的区域里，保持居民构成的多样化，包括年轻家庭。[7]一位经验丰富的景观设计师史蒂文·科赫（Steven Koch）（供职于 Koch 景观设计事务所）在2012 年创造了一个轻松融入公园其他区域的空间，在这里还能俯瞰城市的壮丽景观。[8]

这是一个公私合作项目，原本是当地为了解决旧操场上的排水问题而发起的。总承包商南希·麦登斯基（Nancy Madynski）在附近长大（家里有 10 个孩子），她至今留存着小时候从公园的陡坡爬上滚下的美好回忆，小时候的她看到路灯亮了就知道该回家了（这和东京公园里用钟声提醒孩子们回家的办法不一样）。她最初的计划是请一些承包商朋友在一个上午内处理好排水问题。然而，她发现一系列规章制度阻止她展开任何行动。

一石激起千层浪。5 年的时间里，麦登斯基和其他居民成立了多洛雷斯公园游乐场之友这一组织，与旧金山公园联盟建立了合作关系，并获得了当地慈善家杰基·萨菲尔（Jackie Safier）的资助，为纪念她的母亲海伦·迪勒，萨菲尔捐赠了项目所需 350 万美元中的一半费用。萨菲尔、麦登斯基以及游乐与公园管理部的总负责人菲尔·金斯伯格（Phil Ginsburg）三位领导人都知道，他们想创造一个独特的游戏空间，而不是一个装满千篇一律的设备的笼子。萨菲尔特别强调使用夜间照明，以便人们全天都能在此游玩。她还认为，游乐场应同时具备可玩性和美学意义，从而改善人们的日常生活。她希望看到这个社区拥有充沛的公共资源，让各家各户都有更充分的理由留在这座城市。

科赫的方案利用了原有低地（图 c.5）。他保持了早期游乐场（该地自 20 世纪四五十年代以来一直是一个游乐场）的面积，但将游乐场扩大到了低地的边沿，以便可以利用边界高差。他在边缘处设置了一系列重量在 250 公斤到 3 吨之间的梯形巨石作为挡土墙。科赫沿着石墙另外种植了植物。高高的石墙与深陷的低地一起营造出一个环抱式的场地（图 c.6）。场地不设置安全围栏（虽然这个决定引起了居民的争议）。科赫在入口处设计了一个低矮的蛇形混凝土墙，与多洛雷斯公园的其他区域相匹配。墙体可作为座位但又不突兀，有助于弱化场地的边界。游乐场的单一入口使儿童能得到很好的保护，另外，即使是一个奔跑着的小孩也无法在公园宽大的草坪上走得太远。比起设置标准的隔离栅栏，现在的方案使游乐场融入公园，呈现出轻松的、欢迎人们前来游玩的状态。科赫说，他希望呼应（但不是复制）理查德·达特纳为纽约市设计的游乐场中与众不同的一些元素（蛇形墙、土墩和桥梁）。科赫敏锐的历史意识将这个游乐场与达特纳联系起来，并延伸到达特纳所欣赏的路易斯·康和野口勇设计的游乐场。同未实施的路易斯·康和野口勇的方案一样，科赫设计的游乐场也是嵌入地下的，从街上看不到。

　　台地式的石墙并非没有可玩性。墙壁和植物很高，令人生畏，但这对于活跃的孩子来说是一种挑战，甚至会强烈地吸引着他们。即使是六七岁的孩子也试图弄清楚如何将自己的脚固定在岩石上以便爬到植物那儿去，然后尝试去往第二层。这里没有明确的能成功到达的路线，每

图 c.5　多洛雷斯公园的海伦迪勒游乐场（2012 年建成），由 Koch 景观设计事务所的史蒂文·科赫设计，位于加利福尼亚州旧金山市。游乐场嵌入公园的低地，街上经过的汽车几乎看不到这个场所（作者摄于 2013 年）（彩图 12）

图 c.6 多洛雷斯公园的海伦迪勒游乐场（2012 年建成），由 Koch 景观设计事务所的史蒂文·科赫设计，位于加利福尼亚州旧金山市。石墙美观且容易攀爬（作者摄于 2013 年）

个孩子都须做出选择才能最终到达最高层。

科赫设计了一些攀岩设施，如木塔、带有涵洞的石墙。这两个设施都不能保证儿童能成功爬上去，他们必须努力计划好自己的行动并判断自己要面对多大的挑战。与初衷正相反，石头上的开口成了小小的庇护所，让儿童能放松、聊天。科赫还增加了一个超级滑梯，让儿童体验速度和惊险刺激。他设计的滑梯是一个波浪形的堤防样式，向该市在 20 世纪 70 年代建造的几个混凝土堤防滑道致敬。[9] 因滑梯狭窄且高，让儿童有一种在冒险的感觉。

科赫还设计了一个椭圆形的沙坑，翘起的部分类似于船（公园里曾有个湖），这一具有雕塑感的设计使"沙盘"在方便坐轮椅的孩子使用的同时又不失优雅。"沙船"是可容许父母抱着幼儿一起玩或是初学走路的小孩探索的地方。近处，同一平面上的"波浪"和低山从视觉上引起了儿童的兴趣，也提供了又一个低障碍物场所（图 c.7）。

图 c.7　多洛雷斯公园的海伦迪勒游乐场（2012 年建成），由 Koch 景观设计事务所的史蒂文·科赫设计，位于加利福尼亚州旧金山市。科赫设计的沙船位于左侧中部靠后的区域，乘坐轮椅的人士亦可进入，右后方区域则有桥梁和滑梯（作者摄于2013年）

4.　城市规划

　　被污染的曼萨纳雷斯（Manzanares）河两侧有 5 条车道，马德里里约（Madrid Rio）地块似乎不太适合设置游戏场地。在这个耗资数百万美元重新设计的西班牙马德里市一整块区域的项目中，一系列具有变革意义的事件使得游戏场地在其中占据着重要地位。马德里市长阿尔贝托·鲁伊斯·加利亚东（Alberto Ruiz Gallardon）于 2004 年发起了该项目，呼吁将马德里西部与市中心隔断的高速路移到地下。隧道工程一完成，市长就发起了一场改善地表空间的设计竞赛（2008 年），并将河流两岸的场地进行整合。附近有片密集分布的西式公寓，其历史可追溯到 20 世纪 50 年代，它们有的距离河岸仅 100 英尺（约 30 米），但却几乎没有什么设施能吸引人们离开公寓。城市其他地区的游乐场通常只适合小孩子。因此，设计目标不仅是将贫困社区融入城市的大环境，还意在提供这些社区所缺乏的公共空间，丰富来自其他地区的人们的游玩体验。

四家公司——Burgos & Garrido、Porras La-Casta、Rubio & Alvarez Sala、西 8 联合起来，在希内斯·加里多（Ginés Garrido）的指导下赢得了竞赛。[10] 方案（于 2011 年完工，就在金融危机最严重的时期之前）的成功之处在于通过建造新的人行桥、在两岸增加游憩功能的方式激发了河流的活力。这里有滑板场、供散步和慢跑用的小道以及野餐区。游戏空间——共 15 处——特别值得关注，这些场地突然在河的两岸冒出来，是一系列休闲功能场所中的小亮点，为人们提供了选择是否冒险的场所。项目中有很多为大人打造的设施，但显然这个城市设计方案旨在将儿童和青少年融入进来。游乐区没有围栏，总是靠近步行街，有些还靠近咖啡馆。其中一位参与了该项目的建筑师透露了公园开放后不久发生的一件轶事：他在场内拍摄一些青少年在那里玩耍的照片时，这些年轻人担心他会打电话给警察把他们赶出去。他们并没有意识到这个场地是为他们准备的，他们在这里玩耍最适合不过。

设计师将两侧河岸分开构思，意在唤起一种儿时的西班牙乡村的记忆。他们决定映射森林与河床。西侧河岸让人想起了森林，代表着西班牙北部曼萨纳雷斯河的源头。设计师将森林解读为被烧毁或被毁坏的状态。不规则种植的松树代表着被毁坏的林地。德国制造商 Richter Spielgeräte 提供了大部分游乐设备，将其标志性的洋槐木结构与附近的松树融为一体。这些游乐区（西侧有 11 处游乐区）将类似的活动组合在一起，如将水平的攀爬架或单独的垂直爬杆安装在一起，使其具有令人难以忘怀的美感。在其中几个攀爬架上，儿童须意识到爬上去时会摇摇晃晃。在其他地方，儿童须在密集的桩子中穿梭，这些桩子实际上构成了一个迷宫，使他们无法提前规划好路线。小砾石地面很低调，为的是不引起人们的注意（图 c.8）。

在一处人行桥下，长长的秋千吸引着年龄大一点的孩子。来自西 8 的荷兰景观设计师在桥下画了鲜红色的圆圈，然后将秋千悬挂在这些像牛眼一样的圆圈上。这种利用剩余空间以及与周围环境的无缝连接，都是对他们的前辈阿尔多·凡·艾克作品的发扬（图 c.9）。

该河的东侧——阿甘苏埃拉（Arganzuela）区会让人想起西班牙南部干涸的河床，这里的游乐区较少，空间更密集、更紧凑，有许多满是石头的旱溪。一个主要的游戏场所是依小丘而建的滑梯。西 8 创作了这个小丘以及其种植设计。制造商 Richter Spielgeräte 定制设计了 8 个非常

图 c.8 "松树沙龙"的几个游乐区之一，场地由 Burgos & Garrido、Porras La-Casta、Rubio & Alvarez Sala、西 8 联合设计，团队总监是希内斯·加里多（2011年建成），位于西班牙马德里里约（Richter Spielgeräte 供图）

规尺寸和坡度的滑梯，给人带来刺激的感受。开放第一周后，整个项目特别是这里的滑梯就已明显取得了成功，许多活蹦乱跳的孩子来到这里，他们渴望尝试每一个滑梯，小孩满场都是，植被也被破坏了。西 8 以灵活的思路重建了小丘，他们把混凝土的阶梯变得更加不规则，更难以预测，孩子们必须更加努力地思索如何爬到滑梯入口（图 c.10）。这一变化迫使他们放慢速度去思考继续上山的最佳方式。西 8 还提出种植密度较低、株型更饱满、更能抵抗破坏的绿植。西 8 的功劳是将整个场地变成了一个互动的、引人思考的"设施"。他们将附近旧喷泉的碎片融入混凝土阶梯，很好地增添了一个本地特色。夏季的夜晚，公园会展现它最成

图 c.9 悬挂在桥下红圆圈下方的秋千让人想起了阿尔多·凡·艾克利用"剩余"空间为儿童提供活动场所的做法。该视角还展现了其他游乐区、咖啡馆与供步行、慢跑的小道无缝连接。场地由 Burgos & Garrido、Porras La-Casta、Rubio & Alvarez Sala、西 8 联合设计,团队总监是希内斯·加里多(2011 年建成),位于西班牙马德里里约(Robert S. Solomon 摄于 2013 年)(彩图 13)

功之处。随着气温的下降,公园成了人们放松身心、吃饭和玩耍的场所,人们愿意在此停留多久便停留多久,且经常待到深夜。

启发

这 4 个案例——分别来自旧金山、阿姆斯特丹和马德里——应能启发我们从不同角度看待游戏场地。我们看到有各种不同规模的入侵性元素,意味着不同的成本。我们还看到有远见的个人——当地领导人、捐赠者、赞助人、市政行政人员——能大胆行动并创造出成功的作品,在考虑儿童使用的同时扩展了游乐场地的定义。这些元素一起天衣无缝地融入社区,有可能将每个人(不仅仅是儿童)聚集在一起。睿智、富有洞察力的佩奇·约翰逊(Paige Johnson)是"游乐景观"(Playscapes)博客的创始人,他正确地意识到我们有可能进入了"后游乐场时代"[11]。

图 c.10　阿甘苏埃拉区依小丘而建的滑梯有 8 个，这是其中的 3 个。场地由 Burgos & Garrido、Porras La-Casta、Rubio & Alvarez Sala、西 8 联合设计，团队总监是希内斯·加里多（2011 年建成），位于西班牙马德里里约（Richter Spielgeräte 供图）

唤醒美国

那些对游戏充满热情的美国人通常就像喜剧演员斯蒂芬·科尔伯特（Stephen Colbert），他说，"美式例外主义"是一种信念：我们永远是正确的。是时候环顾四周了，美国是一个非凡的国度，但在游乐场地方面，我们并不先进。我们甚至远远落后于其他许多国家。我们在评估风险方面远远落后于英国，我们在设计创意方案时跟随着欧洲人和日本人的脚步，我们花了很多钱去实现过时的想法，我们沿用了老套的模式，墨守成规，不积极追求改变。

是时候采取创造性态度，获得创造性的成就了。我们需要新的远见，尤其是在国家层面，使请求建造游乐场的人或团体——包括父母、学区和公园管理部门——得到支持以便他们坚持要求建造效果更好的作品。我们应降低成本，找到重新利用或改造多余材料的方法。湾区探索博物馆的旧下水道涵洞（约 0.9 米高，3 米长）就是一个案例，建造场地时这里被遗留下来，但因员工认识到了在此展开游戏的可能性，现已成功（经过清洗和刷漆）转变为跑步和捉迷藏的地方。

我们必须对游乐场的设计进行评估，看看其中为儿童提供了哪些元素，场地是否会促进冒险、能体验试错，或是能运用规划能力或操控能力？我们必须支持儿童自主独立。一个负责任的设计不必打造出让孩子掌握所有生活技能的环境，但它可以加强和支持科学研究，帮助孩子们把时间花在能帮助他们茁壮成长的地方。

我们展望未来时要回顾过去，特别是抗议和暗杀事件多发的 1968 年。我们还应意识到一场努力为孩子们增添公共空间活力的改革正在发生，它更为安静，也是一把双刃剑。瑞士作家阿尔弗雷德·莱德曼（Alfred Ledermann）和阿尔弗雷德·特拉克塞尔（Alfred Trachsel）推出了他们的《创意游乐场和娱乐中心》（*Creative Playgrounds and Recreation Centers*）（第二版）[12]。同年，赫特伍德的艾伦夫人出版了她的第五本书《游乐规划》（*Planning for Play*）。这些书都从反例出发，试图推动我们为儿童创造公共空间。莱德曼和特拉克塞尔展示了一些游戏空间的图片，它们很成功又富有新意。其中大部分案例都体现了我们所追求的游戏空间类型：非常高的、刺激的滑梯，供攀爬的极具挑战性的圆木，可嬉闹的大片水域。两位作家注意到了特别是欧洲已取得的成就，并撰文赞扬。

另一方面，艾伦夫人发出了警告。她感觉到一些变化正在发生，它们将进一步削弱刺激的游乐空间的认可度。她富有先见之明地问道："为什么有如此多的新游乐场停滞不前？"[13] 她谴责从商品目录中直接订购标准化设施，把它们安置在一个已消毒的"表面坚硬的荒地"[14] 上。她反对设计过于独特的游乐场，建造费用昂贵，又很无趣。[15] 她看到地方当局遏制游戏，以便不必处理保险问题。[16] 她认识到每个人都有很大的困惑，在设计领域，"建筑师随意从各处拼凑一些方案，然后让儿童去适应游乐场，而不是让游乐场符合儿童的游戏需求"[17]。她毫不客气地说道："一个游乐场若对孩子没有吸引力，便是浪费土地和金钱"[18]。她也发现了父母的过度保护使得儿童不能独立。[19] 不知不觉中，她预言了我们当前的困境，而莱德曼和特拉克塞尔也在不知不觉中提供了解决方法。

1968 年是一个分水岭。英国和美国延续了艾伦夫人所列举的限制性情况，但我们已看到，在美国的专业发展因恐惧和过度保护而越走越窄时，英国在过去 20 年中已开始改变立场。我们需要停下来思考，我们应回应艾伦夫人，呼吁消除她所提到的现今越来越难以克服的限制。我们的计划应该是（最终）打消艾伦夫人所惧怕的，并实现如两位瑞士作家所强调的那样令人兴奋和刺激的游乐场。

游乐场是一个被低估的资源，我们必须转变思想观念，将其视为一个重要的社区空间。儿科医生罗伯特·惠特克（Robert Whitaker）建议用"庇护所"来形容一个理想的游乐场。[20] 如果我们重新思考儿童的需求以及他们可以利用哪些活动来增强他们的整体福祉，也许我们可以提供作为避难所的游戏场所：安全舒适的，有启发、有帮助和友好的环境，天衣无缝地嵌入更大的城市景观中。[21]

注释

引言

1. Fergus P. Hughes, *Children, Play, and Development*, 4th ed. (Los Angeles, CA: Sage, 2010), 4–5.

2. Jacky Kilvington and Ali Wood, *Reflective Playwork* (London: Continuum International, 2010), 17–18.

3. Ellen Beate Hansen Sandseter, "Characteristics of Risky Play," *Journal of Adventure Education and Outdoor Learning* 9, no. 1 (2009): 3; Peter K. Smith, *Children and Play* (Malden, MA: Wiley-Blackwell, 2010), 6–10. 史密斯（Smith）以其研究及 L. Krasnor、D. Pepler 于 1980 年发表的研究成果为基础，将游戏定义为本能驱动的、超语言的（nonliteral）、灵活的、更关心形式而不是结果的愉悦行为。

4. Kilvington and Wood, *Reflective Playwork*, 18. 另见 M. Conway, "The Playwork Principles," in *Foundations of Playwork*, ed. F. Brown and C. Taylor (Maidenhead: Open University Press, 2008). Kilvington and Wood 28 报告称，20 世纪 80 年代，英国有项运动试图将玩耍和儿童发展紧密联系起来。该运动被称为 SPICE，意为社会交往（social interaction）、体育活动（physical activity）、启发智能（intellectual stimulation）、创意成就（creative achievement）以及情绪稳定（emotional stability），但该运动发展得愈发狭隘，导致创造出了"过于程式化的游戏策划形式"。

5. Smith, *Children and Play*, 213.

6. Anthony D. Pellegrini 在 "Research and Policy on Children's Play", *Child Development Perspectives* 3, no 2 (2009): 131–36. 间接提到了 Stuart Brown 的国家游乐协会（National Institute of Play）。查看 Stuart Brown 的观点，请参阅 Stuart Brown and Christopher Vaughan, *Play! How It Shapes the Brain, Opens the Mind, and Invigorates the Soul* (New York: Penguin, 2009). Peter Gray 在 其 "The Decline of Play and the Rise of Psychopathology in Children and Adolescents", *American Journal of Play* 4, no. 3 (2011) 中做出了更骇人听闻的论断。Gray 承认，即使他努力将这些现象联系起来，"相互联系，当然证明不了是因果关系"。无法排除可能导致精神机能障碍的因素，Gray 只能做出有限的猜测。

我们也应提防把刚成年的年轻人晚熟归咎于缺少玩乐：麦克亚瑟基金会证明了，经济原因和其他社会因素是首要原因。"如今年轻人更加清楚地意识到怎样做才能独立自主，然而他们好像不愿意承担他们无法兑现的责任"。见 Frank F. Furstenberg, Jr., Ruben G. Rumbaut, and Richard A. Settersten Jr. 在与该文同名的书籍中的 "On the Frontier of Adulthood: Emerging Themes and New Directions" (Chicago: University of Chicago Press, 2005), 6.

7. Pellegrini, "Research and Policy on Children's Play," 131–136.

8. Judy Dunn, *Children's Friendships: The Beginnings of Intimacy* (Malden, MA: Blackwell, 2004), 30.

9. Anthony D. Pellegrini, "Rough-and-Tumble Play from Childhood through Adolescence," in *Introduction to Play from Birth to Twelve: Contexts, Perspectives, and Meanings*, 2nd ed., ed. Doris Pronin Fromberg and Doris Bergen (New York: Routledge, 2006), 111.

10. Anthony D. Pellegrini, *The Role of Play in Human Development* (Oxford: Oxford University Press, 2009), 199–200.

11. Smith, Children and Play, 197.

12. Stuart Lester and Wendy Russell, *Play England: Play for a Change: Play, Policy and Practice: A Review of Contemporary Perspectives* (London: National Children's Bureau, 2008), ch. 3. 2000 年"游乐英格兰"的前身"儿童游乐委员会"发表了题为《为玩耍获取案例：收集证据》(*Making the Case for Play: Gathering the Evidence*) 的报告。其作者 Issy Cole-Hamilton、Andrew Harrop 和 Cathy Street 总结道："关于游戏友谊的证据很复杂，且常是非决定性的，另外还严重缺

少许多领域的数据，还须做研究。"（91）.

13. 目前，神经科学在理解日常行为中的作用仍在重新评估。Mike Anderson 和 Sergio Della Sala 大力提倡认知心理学是一个 "做一切有用的事情或做'举重'" 的领域。见 Anderson and Della Sala, *Neuroscience in Education: The Good, the Bad, and the Ugly* (Oxford ScholarshipOnline, 详见 http://www.oxfordscholarship.com/view/10.1093/acprof:oso/9780199600496.001.0001/acprof-9780199600496，2012 年 5 月)。《纽约时报》政治专栏作家 David Brooks 提到，他原本打算写一本关于神经科学的书，结果写成了关于心理学的书籍。*The Social Animal: The Hidden Sources of Love, Character, and Achievement* (New York: Random House, 2011)。另见 Walter Mischel and David Brooks, "The News from Psychological Science: A Conversation between David Brooks and Walter Mischel," *Perspectives on Psychological Science* 6 (2011): 515.

14. Alison Gopnik, *The Philosophical Baby: What Children's Minds Tell Us about Truth, Love, and the Meaning of Life* (New York: Picador, 2009), 12.

15. Jack P. Shonkoff and Deborah A. Phillips, eds., *From Neurons to Neighborhoods: The Science of Early Childhood Development* (Washington, DC: National Academy Press, 2000), 23.

16. Foresters, press release, November 16, 2013. "林务员、KaBOOM! 和志愿者用新式游乐场振兴哥伦比亚社区"（译者注：KaBOOM! 是美国一家非营利性机构，致力于确保儿童获得有益于成长的游戏方式），该句间接表明了林务员自 2006 年起便支持游乐场的发展，该句还多次在其他关于游乐场的新闻报道中出现："在 15 年的使用寿命中，这些游乐场将使得 260 多万儿童及其家庭有机会一起度过珍贵时光。"即使是最精制的、设计有方的游乐设施，若精心维护，使用寿命也仅有 20 年。Peter Heuken（Richter Spielgeräte GmbH 游乐场设备有限责任公司的项目经理）在 2013 年 12 月 11 日便写给作者的电子邮件中提到，15 年的使用寿命是行业标准。

17. Rhonda Clements, "An Investigation of the Status of Outdoor Play," *Contemporary Issues in Early Childhood* 5, no. 1 (2004): 68–80.

18. Tim Waller et al., "The Dynamics of Early Childhood Spaces: Opportunities for Outdoor Play?" *European Early Childhood Education Research Journal* 18, no. 4 (2010): 440.

19. Hillary L. Burdette and Robert C. Whitaker, "Resurrecting Free Play in Young Children: Looking beyond Fitness and Fatness to Attention, Affiliation, and Aect," *Archives of Pediatric & Adolescent Medicine* 159 (2005): 46–50. 1981 年至 1997 年间，美国儿童的自由玩耍形式（Unstructured play）下降了 25 个百分点。

20. "规划纽约"（PLANyc）是纽约市为节约能源、提升生活质量而设立的 27 年规划。其目标之一是给每位市民提供一个在 10 分钟步行距离以内的公园。2007 年，在公园数量不足的区域内有 290 个封闭的校园，"规划纽约"立即开放了其中的 69 个校园，随后又与公共土地信托基金会（TPL）合作，完善并开放剩余的校园。大多数改造已于 2013 年前完成。获取进一步信息及最新消息请登录 www.nyc.gov/html/planyc2030/html/theplan/public-spaces.shtml. 值得一提的是一位先驱——Robert Moses。20 世纪 30 年代，他倡导把校园拓展为公园。见 Rachel Iannacone, "Neighborhood Playgrounds and Parks," in *Robert Moses and the Modern City: The Transformation of New York*, ed. Hilary Ballon and Kenneth T. Jackson (New York: W. W. Norton, 2007), 174. 了解更多关于实现一地多用的信息，请参阅 California Pan-Ethnic Health Network, "Unlocking the Playground: Achieving Equity in Physical Activity Spaces," 2009 年在一系列论坛中所做的报告，www.cpehn.org:pdfs.

21. Amy F. Ogata, *Designing the Creative Child: Playthings and Places in Midcentury America* (Minneapolis: University of Minnesota Press, 2013), 8.

22. Daily Mail on Line, http://www.dailymail.co.uk/news/article-2275593/Playground-Corinium-Via-estate-Cotswolds-closed-complained-bright.html，2013 年 2 月 8 日。Corinium Via 社区的业主认为游乐设施"过于明亮"，开发商关闭了游乐场，直至事件得到解决。

23. Kenneth R. Ginsburg, "The Importance of Play in Promoting Healthy Child Development and Maintaining Strong ParentChild Bonds," *Pediatrics* 119, no. 1 (January 2007): 182–88; Regina M. Milteer and Kenneth R. Ginsburg, "The Importance of Play in Promoting Healthy Child Development and Maintaining Strong Parent-Child Bond: Focus on Children in Poverty," *Pediatrics* 129, no. 1 (December 2011): 204–213.

24. 2013 年 9 月 30 日，Carve 的 Elger Blitz 在写给作者的电子邮件中提供了该项目的信息。

25. 同上，在 2013 年 10 月 25 日的电子邮件中。

费用低于 22 万美元。

26. 2013 年 9 月 30 日，Carve 的 Elger Blitz 在写给作者的电子邮件中。

27. S. Rogers and J. Evans, "Playing the Games: Exploring Role Play from Children's Perspectives," *European Early Childhood Education Research Journal* 14, no. 1 (2006): 43–56, quoted in Helen Tovey, *Playing Outdoors: Spaces and Places, Risk and Challenge* (New York: McGraw Hill, 2007), 18.

28. Robin Marantz Henig, "Taking Play Seriously," *New York Times Magazine*, February 17, 2008.

29. Kristen L. Knutson and Even Van Cauter, "Association between Sleep Loss and Increased Risk of Obesity and Diabetes," *Annals of the New York Academy of Sciences* 1129 (2008): 287–304. 这是强调肥胖问题复杂性的更具趣味的调查报告之一。显然，睡眠不足会导致产生饱腹感的荷尔蒙更加缺乏，也会增加引起饥饿感的荷尔蒙。关于霸凌，请参阅 Emily Bazelon, *Sticks and Stones: Defeating the Culture of Bullying and Rediscovering the Power of Character and Empathy* (New York: Random House, 2013)。发展心理学家 Helene Guldberg 曾在她的 *Reclaiming Childhood: Freedom and Play in an Age of Fear* (London: Routledge, 2009) 一书中写到了霸凌的积极影响。

30. Henig 在《认真对待玩耍这件事》（Taking Play Seriously）中提到，《给男孩的冒险书》在之前的 9 个月中一直位居畅销书的排行榜内。

31. Aase Eriksen, *Playground Design: Outdoor Environments for Learning and Development* (New York: Van Nostrand Reinhold Company, 1985), ix–5.

32. 同上。

第 1 章 问题

1. Amy Ogata, "Creative Playthings: Educational Toys and Postwar American Culture," *Winterthur Portfolio* 39, no. 2/3 (2004): 141.

2. 感谢蒂姆·吉尔（www.rethinkingchildhood.com）向我提供此信息。

3. Judith Warner, *Perfect Madness: Motherhood in the Age of Anxiety* (New York: Riverhead Books, 2005), 91–98.

4. Shirley Wyver et al., "Ten Ways to Restrict Children's Freedom to Play: The Problem of Surplus Safety," *Contemporary Issues in Early Childhood* 11, no. 3 (2010): 270; Marianne B. Staempfli, "Reintroducing Adventure into Children's Outdoor Play Environments," *Environment and Behavior* 41 (2009): 275.

5. 谈及儿童（或其家长）寻求律师帮助时常引用建筑师理查德·达特纳的话。最近 Carol Kino 在其文章 "The Work behind Child's Play," *New York Times*, July 3, 2013. 中提到了他。

6. 只有一小部分州将这些标准纳入州法律。信息源于 Teri Hendy 2013 年 5 月 8 日与作者的电话访谈。

7. 同上。

8. Ellen Beate Hansen Sandseter and Leif Edward Ottesen Kennair, "Children's Risky Play from an Evolutionary Perspective: The Anti-Phobic Effects of Thrilling Experiences," *Evolutionary Psychology* 9, no. 2 (2011): 260–261.

9. 2011 年 12 月 14 日，在哥本哈根，赫勒·纳贝隆与作者的访谈中提到。

10. Sandra Aamodt and Sam Wang, *Welcome to Your Child's Brain* (New York: Bloomsbury, 2011), 129.

11. Edward F. Zigler and Sandra J. Bishop-Josef, "The Cognitive Child versus the Whole Child: Lessons from 40 Years of Head Start," in *Play=Learning: How Play Motivates and Enhances Children's Cognitive and Social-Emotional Growth*, ed. Dorothy G. Singer, Roberta Michnick Golinkoff, and Kathy Hirsh-Pasek (New York: Oxford University Press, 2006), 23.

12. Elena Bodrova and Deborah J. Leong, *Tools of the Mind: The Vygotskian Approach to Early Childhood Education*, 2nd ed. (Upper Saddle River, NJ: Pearson/Merrill Prentice Hall, 2007), 6–8.

13. Ogata, "Creative Playthings," 135. 20 世纪 50 年代，有些制造商如儿乐宝（Playskool）和霍尔盖特（Holgate）依据年龄将其产品目录进行分类。

14. John Medina, *Brain Rules for Baby: How to Raise a Smart and Happy Child from Zero to Five* (Seattle: Pear, 2010), 154.

15. Greet Cardon et al., "The Contribution of Preschool Playground Factors in Explaining Children's Physical Activity during Recess," *International Journal of Behavioral Nutrition and Physical Activity* 5, no. 11 (2008).

16. 信息源于 2012 年 5 月 7 日在加利福尼亚州诺瓦托 Jay Beckwith 与作者的访谈。

17.《美国 2008 年体育运动标准》（*2008 Physical Activity Guidelines for Americans*, www.health.gov/PAGuidelines/pdf/PAguide.pdf.）说句公道话，标准中

确实将"游乐场设施"纳入到锻炼肌肉的活动项目中，可能指的是像单杠一类的设施，另外还建议人们爬树、拔河。

18. 信息源于 2013 年 2 月 25 日在旧金山 Jackie Safier（海伦迪勒游乐场的捐赠人）与作者的访谈。

19. Tanya Byron 在英国北部教育会议——"智力、大脑、社区：激励学习者，增强复原力"（2013.01.16-2013.01.18，谢菲尔德哈勒姆大学）上的致辞，由 Richard Garner 进行报道，发表文章 "Children Brought up 'In Captivity' by Risk Adverse Parents, Says Leading Child Psychologist," *Independent*, January 18, 2013.

20. 信息源于 2013 年 4 月 22 日在纽约 Linda Pollak 与作者的访谈。Linda Pollak 和她的合作伙伴 Sandro Marpillero 巧妙地利用了一处拆卸费用昂贵的围栏，将其改造为一个有植物和棚架的座位区。该地点是昆斯（纽约）公共图书馆白石分馆的学习园地（2010年建成）。

21. Steven Mintz, *Huck's Raft: A History of American Childhood* (Cambridge: Belknap Press of Harvard University Press, 2004), 337–340.

22. 同上，339 页。

23. Sarah Knight, "Forest School: Playing on the Wild Side," in *The Excellence of Play*, 3rd ed., ed. Janet Moyles (Berkshire, UK: Open University Press, 2010), 190.

24. 根据国家失踪儿童和被剥削儿童中心（www.missingkids.com）消息，1999 年是诱拐案统计的最后一年。1982 年的《失踪儿童法案》允许关于失踪儿童的数据进入联邦调查局国家犯罪信息中心。

25. Justine Taylor, "An Examination of Media Accounts of Child Abductions in the United States," master's thesis, Pennsylvania State University, 2010.

26. Daniel Gardner, *The Science of Fear: How the Culture of Fear Manipulates Your Brain* (New York: Plume Books, 2009), 185–186.

27. Bill Durodié, "Fear of Adults Has Devastating Effects for Kids; Efforts to Keep Children Safe Often End up with Negative Repercussions," *Times-Colonist* (Victoria, British Columbia), August 15, 2012.

28. Wyver et al., "Ten Ways," 264.

29. 信息源于 2013 年 2 月 26 日 Robert C. Whitaker 与作者的电话访谈。

30. 这些数据来源于"2010 游乐日"发起的一项民意调查，"2010 游乐日"是为提升游乐意识的一项大型公众活动。"游乐日"由"游乐英格兰"与"游乐苏格兰""游乐威尔士""北爱尔兰游乐协作"举办。

31. 信息源于千叶大学环境科学与风景园林系教授木下勇 2013 年 5 月 24 日在东京与作者的访谈。

32. Kenneth R. Ginsburg with Martha M. Jablow, *Building Resilience in Children and Teens: Giving Kids Roots and Wings*, 2nd ed. (Elk Grove Village, IL: American Academy of Pediatrics, 2011), 131.

33. Ray Oldenburg, *The Great Good Place* (Cambridge: Da Capo, 1989).

34. Eric Klinenberg, "Adaptation: How Can Cities Be 'Climate-proof'?" *New Yorker*, January 7, 2013, 32–37.

35. 据游乐行业协会估计，铺面成本可使预算增加 40%。游乐场咨询师 Teri Hendy 说，她看到在很多情况下，就地浇注橡胶的成本和成品游乐设施的是一样的。信息源于 2013 年 5 月 8 日 Teri Hendy 与作者的电话访谈。

36. David J. Ball, "Policy Issues and Risk-Benefit Trade Offs of 'Safer Surfacing' for Children's Playgrounds," *Accident Analysis and Prevention* 36, no. 4 (July 2004): 661–670, 668.

37. David J. Ball, "Trends in Fall Injuries Associated with Children's Outdoor Climbing Frames," *International Journal of Injury Control and Safety Promotion* 14, no. 1 (2007): 49–53.

38. CPSC, "Public Playground Safety Handbook," August 2012, 8–10.

39. 信息源于 David Spease 的研究总结报告，Teri Hendy 于 2013 年 5 月 8 日在电子邮件中转发给了作者。

40. 感谢 Peter Heuken 和 Sharon Gamson Danks 指出了这一点。

41. Wyver et al., "Ten Ways," 269.

42. 感谢 Nicky Washida 向我提供了此信息。

43. Ian Frazier, "Muddy," in "Talk of the Town," *New Yorker*, December 10, 2012, 31–32. Frazier 描述了梅雷尔泥浆狂欢暨全国泥泞障碍系列挑战赛（Merrell Down & Dirty National Mud and Obstacle Series）。在5000 米和 10000 米的比赛中，大约有 5600 人越过了路上的障碍物，包括在泥潭中涉水通过。

44. 信息源于 2012 年 11 月 8 日 Ellen Beate Hansen Sandseter 在挪威特隆赫姆与作者的访谈。

45. Mary Ruebush, *Why Dirt Is Good: 5 Ways to Make Germs Our Friends* (New York: Kaplan, 2009), 36–37.

46. 同上，103 页。Ruebush 的想法，人们普遍称之为"卫生假说"，在 20 世纪 80 年代后期由他人进一步完善。Ruebush 认为，未接触过污垢可能导致过敏甚至抑郁症发病率的上升，这一想法目前我们尚不能确定是否完全正确。然而，我们知道，受文化习俗限制，女孩不太可能会弄脏自己，这可能是女性免疫系统疾病高发的原因。见 Sharyn Clough, "Gender and the Hygiene Hypothesis," *Social Science and Medicine* 30 (2010): 1–8.

47. Jane E. Brody, "Babies Know: A Little Dirt Is Good for You," *New York Times*, January 26, 2009.

48. 上书中引用的 Joel V. Weinstock 博士的话。

49. Craig Anderson, "Comment," *Brainerd Dispatch*, March 10, 2013. 另一评论员在该篇文章中说，她（该参议员）要求每天只对室内游乐场进行清洁。

50. Paula S. Fass, "The Child-Centered Family? New Rules in Postwar America," in *Reinventing Childhood after World War II*, ed. Paula Fass and Michael Grossberg (Philadelphia: University of Pennsylvania Press, 2011), 16–17.

51. 信息源于 Joy Hendry, *Understanding Japanese Society*, 4th ed. (New York: Routledge, 2013), 45–50. 以及 2012 年 11 月 8 日 Ellen Beate Hansen Sandseter 在挪威特隆赫姆、2012 年 11 月 14 日 Elger Blitz 在荷兰阿姆斯特丹与作者的访谈。

52. 信息源于 2012 年 6 月 6 日，赫特福德郡沃特福德市市长 Dorothy Thornhill 写给作者的电子邮件。

53. Jane M. Healy, *Your Child's Growing Mind*, 3rd ed. (New York: Broadway Books, 2004), 31.

54. Chris Mercogliano, *In Defense of Childhood: Protecting Kids' Inner Wildness* (Boston: Beacon, 2007), 14–15.

55. Mintz, *Huck's Raft*, 340.

56. 同上，342 页。

57. 信息源于 2013 年 8 月 15 日 Alexander Filip（消费品安全委员会联络办公室副主任）与作者的电话访谈。

58. Wendy S. Grolnick, *The Psychology of Parental Control: How Well-Meant Parenting Backfires* (Mahwah, NJ: Lawrence Erlbaum Associates, 2003), 113–117. Grolnick 引用了 20 世纪 80 年代由 Alice Miller 和 Margaret Mahler 提出的关系理论，该理论认为父母希望孩子能弥补他们自己的不足。她还提到了 Salvador Minuchin 在 20 世纪 70 年代的著作中阐述，所有家庭成员已紧密联系在一起，不存在任何按等级区分的特权。她注意到 Stephen Sales 在 20 世纪 70 年代的著作中表明，当父母发现所处环境受到威胁时，他们会变得更加专制，同时 Grolnick 也承认，1997 年，Stephen Sales 的一些著作遭到 Stanley 和 Karen Stenner 的反驳。

59. Ashley E. Zielinski, Lynne M. Rochette, and Gary A. Smith, "Stair-Related Injuries to Young Children Treated in US Emergency Departments, 1999–2008," *Pediatrics* 129 (March 2012). 三位作者在 9 年的调研期间，报告了近 932000 人次受伤。

60. Wyver et al., "Ten Ways," 269.

61. 信息源于 2012 年 7 月 24 日 Karl-Chirstian Thies 写给作者的电子邮件。

62. Centers for Disease Control and Prevention, "CDC Childhood Injury Report: Patterns of Unintentional Injuries among 0–19 Year Olds in the United States, 2000–2006" (2008)," cited in Mariana Brussoni, Lise L. Olsen, Ian Pike, and David A. Sleet, "Risky Play and Children's Safety: Balancing Priorities for Optimal Child Development," *International Journal of Environmental Research and Public Health* 9, no. 9 (September 2012): 3134–3148.

63. Craig W. O'Brien, "Injuries and Investigated Death Associated with Play Equipment, 2001–2009." 见 cpsc.gov/pagefles/108596/playground.pdf. O'Brien 说，实际上只有 1574 起事件上报给了消费品安全委员会，这与预计的医院接待病人数目不同。

美国消费品安全委员会在 2001 年发表声明，指出 1990—2001 年间，大多数死亡事件在家庭的游乐场地发生，其中大部分是窒息而亡。2001 年的研究主题是"游乐场设施"（Playground Equipment），可登录 www.cpsc.gov/CPSCPUB/PREREL/prhtm101/01213.html 查看。值得注意的是，1990-2001 年间在公共游乐场死亡的有 60 人，而在 2001-2008 年间有 40 人。人们虽然才开始注意到衣服上的抽绳，但最终是有效的。

1996 年 2 月，消费品安全委员会发布了儿童外穿上衣的《抽绳指南》。1997 年，这一指南被纳入自愿性标准（F-1816）。2006 年 5 月，委员会又发表了一封信敦促采取行动，其中报告称与 1985-1997 年间相比，死亡人数有所下降，1985-1997 年间至少有 21 人死于抽绳。该信由美国消费品安全委员会合规办公室主任 John Gibson Mullan 写给"儿童外穿上衣的制造商、进口商和零售商"。之后，2011 年 7 月，消费品安全委员会根据指南及自愿性标准，发布了一项联邦条例，禁止在儿童外穿上衣上加入抽绳。

64. Sandseter and Kennair, "Children's Risky Play,"

275.

65. M. L. Waltzman et al., "Monkeybar Injuries: Complications of Play," *Pediatrics* 105, no. 5 (2000): 1174–1175.

66. 信息源于 2013 年 2 月 14 日 M. Paul Friedberg 在纽约市与作者的访谈。

67. John T. Gaffney, "Tibia Fractures in Children Sustained on a Playground Slide," *Journal of Pediatric Orthopedics* 29 (September 2009): 606–8. 骨科医生 John Gaffney 博士发现 11 个月以来到他办公室诊治的胫骨骨折共有 58 例，其中只有 8 例发生在游乐场上，但都是父母带着 14-32 个月大的孩子玩滑梯时造成的。他的建议是："如果孩子不能独立玩滑梯，最好换另一项活动。"

68. Lady Allen of Hurtwood, quoted in "Junkyard Playgrounds," *Time Magazine*, June 25, 1965, 71.

69. Jeremiah Clinton, "Playgrounds Home to Bumps, Bruises and Broken Bones," *Ravelli Republic*, April 2, 2013. 蒙大纳州的一位医生 Clinton 认为，游乐场的益处远超其造成的任何伤害，他说骨折是成长的一部分，75% 的男孩和 50% 的女孩在成年前都会骨折。

70. 感谢 Robert Whitaker 向我提供了此信息。

71. Nicholas Day, "Tear Down the Swing Sets," *Slate*, January 28, 2013.

72. 了解更多关于改革时期游乐场的信息，请参阅 Galen Cranz, *The Politics of Park Design: A History of Urban Parks in America* (Cambridge: MIT Press, 1982; paperback ed., 1989), 62–87. 另见 Iannacone, "Neighborhood Playgrounds and Parks," 174.

73. Iannacone, "Neighborhood Playgrounds and Parks," 174.

74. Cecilia Perez and Roger A. Hart, "Beyond Playgrounds: Planning for Children's Access to the Environment," in *Innovation in Play Environments*, ed. Paul F. Wilkinson (New York: St. Martin's, 1980), 253. Perez 和 Hart 引用 1914 年罗素·塞奇基金会（Russell Sage Foundation）的报告称，游乐场经常空无一人，孩子们都去寻找更有趣的地方了。

75. 同上，144 页。

76. 同上，140 页。

77. Gary Cross, *Kids' Stuff: Toys and the Changing World of American Childhood* (Cambridge: Harvard University Press, 1997), 123.

78. 了解更多该事件的信息，请参阅 Susan G. Solomon, *American Playgrounds: Revitalizing Community Space* (Hanover, NH: University Press of New England, 2005).

79. 获得更具体的分析及图像，请参阅上方注释 78 中的书籍。

80. 信息源于 2013 年 9 月 4 日 Donne Buck 写给作者的电子邮件。

81. 信息源于 2013 年 9 月 15 日 Donne Buck 写给作者的电子邮件。Donne Buck 还认为，这座高塔可能使外国游客觉得"冒险游乐场意味着大片的、难以完成的攀登"以及"这一错误的结论阻碍了（其他国家人民）体能的发展"。

82. Simon Nicholson, "How Not to Cheat Children: The Theory of Loose Parts," *Landscape Architecture* 62 (October 1971): 30–34.

83. 同上。

84. 拍摄第一部纪录片时，Apted 还只是助手，拍摄第二部——《人生七年 2》时他已成为导演。

85. Paul F. Wilkinson and Robert S. Lockhart, "Safety in Children's Formal Play Environments," in Wilkinson, ed., *Innovation in Play Environments*, 85–96.

86. Wyver et al., "Ten Ways," 263. Tom Jambor 提出了"过剩安全感"一词。该著作的作者认为，这种现象在澳大利亚、英国和美国最为突出。

87. Waller et al., "The Dynamics of Early Childhood Spaces," 440.

88. 同上，439 页。

89. Waller et al., "The Dynamics of Early Childhood Spaces," 438, 439–441.

90. Clause S. Fischer, *Made in America: A Social History of American Culture and Character* (Chicago: University of Chicago Press, 2010), 10.

91. 同上，242 页。

92. Fass, "The Child-Centered Family?" 16–17.

93. European Committee for Standardization (EN1176: 2008) "Playground Equipment and Surfacing—Part 1: General Safety Requirements and Test Method," quoted in Helen Little and David Eager, "Risk, Challenge, and Safety: Implications for Play Quality and Playground Design," *European Early Childhood Education Research Journal* 18, no. 4 (2010): 502.

94. CPSC, "Public Playground Safety Handbook," Introduction, November 2010.

95. Richard E. Nisbett 针对亚洲思想和西方思想的不同点撰写了一篇有趣的研究报告，该报告能帮助进行关于不同点的讨论。见 Richard E. Nisbett, *The Geography of Thought: How Asians and Westerners Think Differently . . . and Why* (New York: Free Press, 2003). Richard E. Nisbett 还提到了 19 世纪的德国社会科学家,他们区分了集体主义社会与个人主义社会,但他更喜欢"相互依存"和"独立"这两个术语来描述,并引用了创造这些术语的两位学者 Hazel Markus 和筱夫北山(55-57 页)。Richard E. Nisbett 还认识到,美国人往往一次只能接受一种观点,他们避免矛盾并寻找惯例来证明他们选择的观点是合理的。他认为,亚洲社会和谐,允许个人同时持有两个互相矛盾的观点,以达成妥协。Richard E. Nisbett 的分析似乎完美地鉴定了为什么美国人很难理解日常生活中的细微差别。

96. Hendry, *Understanding Japanese Society*, 45–50, 57, 223. 自 20 世纪 80 年代以来,因生育了孩子的已婚夫妇不到 30%(2005 年),日本一直试图强调个人的作用。见 Peter Cave, *Primary School in Japan: Self, Individuality and Learning in Elementary Education* (New York: Routledge, 2007). 1998 年,日本改革了学校设置的课程,于 2002 年正式施行。新课程强调的是解决问题、学会学习、培养创造力以及学科整合。大家一致认为,变化并不是很大。在此特别感谢在东京居住多年的美国建筑师、建筑评论家内 Naomi Pollak,感谢她提供关于儿童穿梭于城市中的信息。她说,如果孩子们需要向附近的人发出求救信号,他们的背包上就有蜂鸣器。信息源于 2013 年 5 月 27 日内 Naomi Pollak 在东京与作者的访谈。当然,美国人会发现日本社会与美国社会的运作方式截然不同。2008 年,专栏作家 Lenore Skenazy 与她 9 岁的儿子计划了一条路线,让他能乘坐地铁从一个大型百货公司到他的曼哈顿公寓,行程不到 4 英里(约 6.4 千米)。在写完孩子的这段成功之旅后,Lenore Skenazy 受邀请参加新闻节目,后被斥责为"美国最差劲妈妈"。她后来报道说,一个电视台频道网站上的民意调查显示,不到三分之一的受访者支持她的行为。Lenore Skenazy, "More from America's Worst Mom," Hufngton Post.com, April 4, 2008 (www.hufngtonpost.com/more-from-americas-worst-b-91675.html).

97. 旅居东京十余年的新西兰人 Chris Berthelsen(www.a-small-lab.com/)调查研究了城市,以及儿童在城市中发挥的作用。信息源于 2013 年 6 月 9 日 Chris Berthelsen 与作者的电话访谈。

第 2 章 风险与独立性

1. Susan Davis and Nancy Eppler-Wolff, *Raising Children Who Soar: A Guide to Healthy Risk-Taking in an Uncertain World* (New York: Teachers College Press, 2009), 15. 针对风险作用的大讨论始于 20 世纪 80 年代。了解更多关于合理承担风险的观点,见 Pia Christensen and Miguel Romero Mikkelsen, "Jumping Off and Being Careful: Children's Strategies of Risk Management in Everyday Life," *Sociology of Health and Illness* 30, no. 1 (2008): 112–130.

2. Helen Little and David Eager, "Risk, Challenge and Safety: Implications for Play Quality and Playground Design," *European Early Childhood Education Research Journal* 18, no. 4 (2010): 497–513.

3. Sandseter and Kennair, "Children's Risky Play," 257–84; Little and Eager, "Risk, Challenge and Safety," 497–513.

4. Mike Shooter and Sue Baily, eds. *The Young Mind* (London: Bantam Press and the Royal College of Psychiatrists, 2009), 47.

5. Lady Allen of Hurtwood, *Planning for Play* (London: Thames and Hudson, 1968). 另见 Betsy Thom, Rosemary Sales, and Jenny J. Pearce, "Introduction," in *Growing Up with Risk*, ed. Thom, Sales, and Pearce (Bristol: Policy, 2007). 该书和其他资料表明,虽然复原力在育儿研究中被当作可教属性,但通常指的是从极端事件中恢复。一些学者担心,"复原力"一词在育儿书籍中被滥用了。见 Diane M. Hoffman, "Risky Investments: Parenting and the Production of the 'Resilient Child,'" *Health, Risk and Society* 12 (August 2010): 385–94. 还有文章(Thom, Sales, and Pearce, eds., *Growing Up with Risk*, 1)涉及了这一概念,认为儿童"利用自身资源来承受日常生活中意外事件的能力,是在承担风险、学习应对突发事件中形成的。" R. Gilligan, "Beyond Permanence? The Importance of Resilience in Child Placement Practices and Planning," *Adoption and Fostering* 21, no. 1 (1997): 12–20.

6. Ellen Beate Hansen Sandseter, "Categorizing Risky-Play: How Can We Identify Risk-Taking in Children's Play," *European Early Childhood Education Research Journal* 15, no. 2 (June 2007): 237–252.

7. Sandseter, "Characteristics of Risky Play," 4.

8. Sandseter and Kennair, "Children's Risky Play," 259.

9. Sandseter, "Categorizing Risky-Play," 238, 243.

10. 同上,248–249 页。

11. Ellen Beate Hansen Sandseter, "'It Tickles in

My Tummy!'": Understanding Children's Risk-taking in Play through Reversal Theory," *Journal of Early Childhood Research* 8, no. 1 (2010): 82–84.

12. Ellen Beate Hansen Sandseter, "Children's Expressions of Exhilaration and Fear in Risky Play," *Contemporary Issues in Early Childhood* 10, no. 2 (2009): 92–106.

13. Sandseter and Kennair, "Children's Risky Play," 257–284. 两位作者明确指出，目前还没有广泛的关于风险缺失的研究，换句话说，我们不确定儿童没有遇到风险时会发生什么。他们会变得神经质或更加恐惧吗？

14. Aamodt and Wang, Welcome to Your Child's Brain, 129.

15. 同上，125 页。

16. Sandra Aamodt and Sam Wang, "Building Self-Control, the American Way," New York Times, February 17, 2012.

17. Christensen and Mikkelsen, "Jumping Off and Being Careful," 115.

18. Sandseter, "Categorizing Risky-Play," 238; Sandseter, "Children's Expressions of Exhilaration and Fear in Risky Play," 94.

19. Helen Little and Shirley Wyver, "Individual Difference in Children's Risk Perception and Appraisals in Outdoor Play Environments," International Journal of Early Years Education 18, no. 4 (December 2010): 297.

20. Sandseter, "Children's Expressions of Exhilaration and Fear in Risky Play," 101–2; Sandseter, "It Tickles in My Tummy!" 68. 桑德斯特引用了迈克尔·J·阿普特的反转理论（兴起于 20 世纪 80 年代）。

21. Sandseter, "Children's Expressions of Exhilaration and Fear in Risky Play," 92–106.

22. Sandseter, "Characteristics of Risky Play," 8.

23. 1842 年，Richard Field 购买了 30 英亩土地，将其改造为植物园。1885 年，Marquand 将其买下并扩大其面积。公园现有 200 多棵标本树和几条小径。1953 年公园落成之际，致力于维护公园的私人基金会相继成立，如今仍然帮助普林斯顿市进行公园维护工作。

24. 1983 年 1 月 12 日《城镇专题报》(Town Topics) 上 Elinor Forseyth 的讣告中提到，她设计这个沙坑的灵感来自一次日本之行。

25. Sandseter and Kennair, "Children's Risky Play," 258, 260, 261.

26. 信息源于 2013 年 2 月 27 日 Patty Donald（创始董事）在加利福利亚州伯克利市与作者的访谈。

27. Sandseter, "Characteristics of Risky Play," 14.

28. Ellen Beate Hansen Sandseter, Helen Little and Shirley Wyver, "Do Theory and Pedagogy Have an Impact on Provision for Outdoor Learning? A Comparison of Australia and Norway," Journal of Adventure Education and Outdoor Learning 12, no. 3 (2012): 167–70; Wenche Aasen, Liv Torunn Grindheim, and Jane Waters, "The Outdoor Environment as a Site for Children's Participation, MeaningMaking and Democratic Learning: Examples from Norwegian Kindergartens," International Journal of Primary, Elementary and Early Years Education 37 (2009): 6.

29. Wyver et al., "Ten Ways," 267.

30. Aasen et al., "The Outdoor Environment," 8.

31. 信息源于 2012 年 11 月 8 日 Sandseter 与作者的访谈。

32. 见 "Emerging Architects," Architectural Review 230 (December 2011): 62；信息源于 2012 年 6 月 29 日 Dan Zohar 与作者的电话访谈。

33. "Emerging Architects," 62.

34. Per Christiansen, Kunst ute, Kunst inne: Utsmykking Trondheim/Public Art in Trondheim 2000–2010 (Trondheim: Taour Akademisk Forlag, 2010), 13 中引用的《特隆赫姆 2001-2012 年总体规划》。若为公私合作，艺术建筑的费用由双方共同承担。

35. 信息源于 2013 年 6 月 24 日北川原温回复作者问题的邮件（由 Kathrin Sauerwein 翻译）。

36. 同上。

37. 该公司信息源于 Clément Willemin 2012 年 6 月 29 日与作者的电话访谈以及 2012 年 11 月 26 日在巴黎与作者的访谈。

38. 信息源于 2012 年 11 月 26 日 Clément Willemin 在巴黎与作者的访谈。

39. 同上。

40. Sandseter, "Characteristics of Risky Play," 5–9.

41. Liane Lefairve and Henk Döll, Ground-Up City: Play as a Design Tool (Rotterdam: Nai 010, 2007).

42. 信息源于 2012 年 11 月 12 日、11 月 14 日 Elger Blitz 在阿姆斯特丹与作者的访谈。

43. 该项目的信息来自比亚克英格尔集团（BIG）哥本哈根办事处整理的一系列新闻报道。

44. "Playing Merry Games on Waldorf Roof," *New York Times*, March 30, 1909. 文中的"器械"包括秋千

和吊环。

45. Sandseter and Kennair, "Children's Risky Play," 259.

46. Helen Little, Shirley Wyver, and Frances Gibson, "The Influence of Play Context and Adult Attitudes on Young Children's Physical Risk-Taking during Outdoor Play," *European Early Childhood Education Research Journal* 19, no. 1 (2011): 128.

47. Henry Jenkins, cited in Steven Mintz, "The Changing Face of Children's Culture," in Fass and Grossberg, eds., *Reinventing Childhood after World War II*, 49.

48. Jane McGonigal, *Reality Is Broken: Why Games Make Us Better and How They Can Change the World* (New York: Penguin, 2011), 3.

49. 同上，28、31–33 页。

50. 同上，21–29 页。她在 35 页到 40 页阐述了"沉浸体验"。20 世纪 70 年代，Mihály Csíkszentmihályi 首次定义了"沉浸体验"，关于幼儿是否能够真正实现"沉浸体验"目前还普遍存在着不同的看法。

51. Eriksen, *Playground Design*, 3.

第 3 章 体悟失败与成功

1. Little, Wyver, and Gibson, "The Influence of Play Context," 127.

2. Sandseter, "Children's Expressions of Exhilaration and Fear in Risky Play," 103.

3. Sandseter, "It Tickles in My Tummy!" 78.

4. Grolnick, The Psychology of Parental Control, 1–19.

5. Madeline Levine, The Price of Privilege (New York: Harper Collins, 2006), 79.

6. Kristina R. Olson and Carol S. Dweck, "Social Cognitive Development: A New Look," Child Development Perspectives 3, no. 1 (2009): 60. 在 Mindset: The New Psychology of Success (New York: Random House, 2006) 一书中 Dweck 向大众总结了自己的研究发现。

7. Adele Diamond, "The Evidence Base for Improving School Outcomes by Addressing the Whole Child and by Addressing Skills and Attitudes, Not Just Content," Early Education and Development 21, no. 5 (2010): 786.

8. 同上。

9. Perez and Hart, "Beyond Playgrounds," 254.

10. 信息源于 2012 年 9 月 10 日 Todd Rader 和 Amy Crews 在纽约布鲁克林与作者的访谈。

11. Paul Andreas and Peter Cachola Schmal, Takaharu + Yui Tezuka: Nostalgic Future [catalog for exhibition] (Frankfurt am Main: Deutsches Architekturmuseum DAM, 2009), 32–47. 该项目的其他信息源于 2013 年 5 月 28 日建筑师手塚由比、手塚贵晴在东京与作者的访谈以及 2013 年 5 月 23 日富士蒙特梭利幼儿园园长加藤石一、该幼儿园的翻译和助理田畑莎拉在东京与作者的访谈。

12. 同上，12 页，Taro Igarashi, "'Straight Modern,' or the Intensity of Architecture,".

13. 信息源于 2013 年 3 月 25 日堀内纪子、Charles MacAdam 与作者的电话访谈，以及 2013 年 5 月 23 日手塚由比和手塚贵晴在东京与作者的访谈。

14. 信息源于 2012 年 5 月 9 日犹他县萨拉托加温泉市的政府官员 Mark Christensen 与作者的电话访谈。

15. 研讨会于 2012 年 10 月 19 日举办，与现代艺术博物馆的展览"儿童的世纪"同期进行。

16. Isolde Raftery, "Park Domes Fenced Off to Protect Children," New York Times, June 18, 2010. 其续篇是 "The Domes Are Gone," New York Times, June 29, 2010.

17. 信息源于 2012 年 11 月 13 日 Monica Adams 在鹿特丹与作者的访谈以及 2013 年 1 月 28 日其写给作者的电子邮件。

18. 信息源于 2011 年 12 月 12 日赫勒·纳贝隆在哥本哈根与作者的访谈。

19. Susan G. Solomon, "Artful Playscapes," Public Art Review, no. 45 (Fall/Winter 2011): 50. 中引用的赫勒·纳贝隆提供的信息。

20. 信息源于 2012 年 11 月 12 日、14 日 Elger Blitz 在阿姆斯特丹与作者的访谈。

21. Roger Hart, "Containing Children: Some Lessons on Planning for Play from New York City," Environment and Urbanization 14 (2002): 135–148.

22. Wyver et al., "Ten Ways," 264.

23. Karen E. Adolph, "Learning to Move," Current Directions in Psychological Science 17, no 3 (2008): 217.

24. Healy, Your Child's Growing Mind, 93.

第 4 章 培养执行功能

1. Charlie Lewis and Jeremy I. M. Carpendale, "Introduction to 'Social Interaction and the Development of Executive Function,'" a special issue of New Direction for Child and Adolescent Development 123 (Spring 2009): 2–3. Lewis and Carpendale 说明了执行功能各定

义中的差异。二人认为，排序和规划是执行功能的次要方面，是使得工作记忆有效所必需的技能。

2. Diamond, "The Evidence Base for Improving School Outcomes," 782.

3. Adele Diamond and Kathleen Lee, "Interventions Shown to Aid Executive Function Development in Children 4 to 12 Years Old," Science Magazine 333, no. 6045 (August 19, 2011): 959.

4. 同上。另见 Adele Diamond, "Activities and Programs That Improve Children's Executive Functions," Current Directions in Psychological Science 21 (2012): 335–341 中总结的 T. E. Moffitt 关于儿童自我控制的著作。

5. Adele Diamond et al., "Preschool Program Improves Cognitive Control," Science 318, no. 5855 (November 30, 2007): 1387–88. 由于穷孩子的执行功能能力较差，他们在学校里有时跟不上其他同学。

6. Brittany L. Rhoades et al., "Demographic and Familial Predictors of Early Executive Function Development: Contribution of a Person-Centered Perspective," Journal of Experimental Child Psychology 108 (March 2011): 638–662.

如何定义"情商"至今仍有争议。1990 年，Peter Salovey 和 John D. Mayer 首次定义了"情商"，他们认为该概念已经被大众普遍接受的解读（例如 Daniel Golema 的解读）所劫持，这些解读夸大了情商的含义以及应如何运用情商。见 Peter Salovey, Marc A. Brackett, and John D. Mayer, Emotional Intelligence: Key Reading on the Mayer and Salovey Model (Port Chester, NY: Dude, 2004).

7. Susan H. Landry, Karen E. Smith, and Paul R. Swank, "New Directions in Evaluating Social Problem Solving in Childhood: Early Precursors and Links to Adolescent Social Competence," New Directions for Child and Adolescent Development 123 (Spring 2009): 51–68.

8. Angel L. Duckworth and Martin E. P. Seligman, "Self-Discipline Outdoes IQ in Predicting Academic Performance of Adolescents," Psychological Science 16 (December 2005): 939–944.

9. Walter Mischel, Yuichi Shoda, and Philip K. Peake, "The Nature of Adolescent Competencies Predicted by Preschool Delay of Gratification," Journal of Personality and Social Psychology 54, no. 4 (1988): 687–96. 最重要的后续研究中有由 Inge-Marie Eigsti 等进行的研究："Predicting Cognitive Control from Preschool to Late Adolescence and Young Adulthood," Psychological Science 17, no. 6 (2006): 478–84; Gopnik, The Philosophical Baby, 58–60. Gopnik 研究的是认知发展问题，她批判了 Mischel 早期的实验，认为这些实验是狭隘的，只有 3 到 5 岁之间的儿童才能真正实现自我控制。她指出，成功克制自己的孩子抵制了诱惑，其方式是把棉花糖幻想成一种不如美味零食那么诱惑的物体。

10. Sue Robson, "Self-regulation and Metacognition in Young Children's Selfinitiated Play and Reflective Dialogue," International Journal of Early Years Education 18, no. 3 (September 2010): 227–241, 228.

11. Paul Tough, How Children Succeed: Grit, Curiosity, and the Hidden Power of Character (Boston: Houghton Mifin, 2012), 21.

12. Medina, Brain Rules for Baby.

13. Aamodt and Wang, Welcome to Your Child's Brain, 115–116.

14. 信息源于 2012 年 11 月 8 日 Dan Zohar 与作者的访谈。

15. Christiansen, Kunst ute, Kunst inne, 62–63.

16. Thomas Moser and Marianne T. Martinsen, "The Outdoor Environment in Norwegian Kindergartens as Pedagogical Space for Toddlers' Play, Learning and Development," European Early Childhood Education Research Journal 18, no. 4 (2010): 462.

17. Rob Gregory and Catherine Slessor, "Fireplace for Children," Architectural Review 226 (December 2009): 102–103.

18. 信息源于 2013 年 2 月 27 日 Peter Walker 与作者的访谈以及 2012 年 11 月 1 日 David Walker 在加利福尼亚州伯克利与作者的访谈。

19. Diamond and Lee, "Interventions Shown to Aid Executive Function Development," 959.

20. John R. Best, Patricia H. Miller, and Lara L. Jones, "Executive Functions after Age 5: Changes and Correlates," Developmental Review 29 (2009): 187–88.

21. Diamond, "Activities and Programs," 336.

22. 信息源于 2013 年 8 月 23 日 Alex Gilliam（公共工作坊的创始人）与作者的电话访谈。

23. Staempfli, "Reintroducing Adventure," 270; Dorothee Jahn, "Adventures Abound," Tokyo Weekender, May 20, 2010. 斯塔姆普利（Staempfli）说，共有 1000 个冒险游乐场分布在英国、丹麦和德国。雅恩

（Jahn）提到了日本的 200 个冒险游乐场，一个在其他排行榜中反复出现的数字。日本冒险游乐场协会提供的信息表明，活跃的（尤其是永久开放的）冒险游乐场要少得多。在此感谢植江雅子、舒藤町、小野洋子·帕多克和田中里穗在东京羽根木冒险游乐场、富山冒险游乐场的盛情款待以及提供的信息。

24. 信息源于 2013 年 5 月 27 日植江雅子（富山游乐园的创始人之一）在东京与作者的访谈。

25. Diamond, "The Evidence Base for Improving School Outcomes," 783–784.

26. 信息源于 2013 年 7 月 11 日游戏教练 Penny Wilson 写给作者的电子邮件。

27. Joe L. Frost and Barry L. Klein, *Children's Play and Playgrounds* (Boston: Allyn and Bacon, 1979), 132–141.

28. 信息源于 2012 年 10 月 3 日游戏教练 Marcus Schmidt 写给作者的电子邮件。

29. 关于该项目的信息来源于 2012 年 3 月 21 日 Marc Hacker 在纽约市与作者的访谈、2013 年 3 月 21 日 Nancy Barthold 在纽约市与作者的访谈以及 2013 年 10 月 11 日 Adrian Benepe 与作者的电话访谈。

30. "游戏管理员"是游戏教练的另一个称谓。斯塔姆普利（Staempfli）在 "Reintroducing Adventure" 271 页中指出，他们也被称为"隐形的指导员""游戏调解人"或"游戏巫师"（play shaman）。

31. Diamond et al., "Preschool Program Improves Cognitive Control," 1387.

32. Dimitri Christakis, Frederick J. Zimmerman, and Michelle M. Garrison, "Effect of Block Play on Language Acquisition and Attention in Toddlers," *Archives of Pediatrics and Adolescent Medicine* 161, no. 10 (2007): 968.

33. Day, "Tear Down the Swing Sets."

34. Ken Smith, interview with author, February 7, 2013, New York City; Peter Reed, *Groundswell: Constructing the Contemporary Landscape* (New York: Museum of Modern Art, 2005), 80–83.

35. Lina Engelen et al., "Increasing Physical Activity in Young Primary School Children—It's Child's Play: A Cluster Randomised Trial," *Preventive Medicine* 56 (2013): 319–320.

36. Anita Bundy et al., "The Risk Is That There Is 'No Risk': A Simple, Innovative Intervention to Increase Children's Activity Levels," *International Journal of Early Years Education* 17, no. 1 (March 2009): 33–45.

37. Diamond, "Activities and Programs," 336.

38. Diamond, "Strategies and Programs That Help to Improve Executive Functions in Young Children"（2009 年 8 月在加拿大多伦多的美国心理学协会上发表的演讲）; Diamond and Lee, "Interventions Shown to Aid Executive Function Development," 961.

39. Bodrova and Leong, *Tools of the Mind*, 35.

40. Gopnik, *The Philosophical Baby*, 37.

41. Po Bronson and Ashley Merryman, *Nurture Shock: New Thinking about Children* (New York: Twelve, 2009), 171, 173.

42. Cynthia L. Elias and Laura E. Berk, "Self-regulation in Young Children: Is There a Role for Socio-dramatic Play?" *Early Childhood Research Quarterly* 17 (2002): 218–219.

43. Dunn, *Children's Friendships*, 28.

44. Paul L. Harris, *The Work of the Imagination* (Malden, MA: Blackwell, 2000), 47.

45. 信息源于 2012 年 9 月 10 日 Todd Rader 和 Amy Crews 在纽约布鲁克林与作者的访谈。

46. Adele Diamond, "The Interplay of Biology and the Environment Broadly Defined," *Developmental Psychology* 45 (2009): 4.

47. Charles H. Hillman, Kirk I. Erickson, and Arthur F. Kramer, "Be Smart, Exercise Your Heart: Exercise Effects on Brain and Cognition," *Nature* 9 (January 2008): 58–65.

48. Sarah Munro et al., "Dramatically Larger Flanker Effects"（2006 年 4 月 9 日在加利福尼亚州旧金山举行的认知神经科学学会年会上发表的演讲）

49. Diamond and Lee, "Interventions Shown to Aid Executive Function Development," 959–964.

50. Diamond, "Activities and Programs," 337.

51. Diamond and Lee, "Interventions Shown to Aid Executive Function Development," 961.

52. Laura Chaddock et al., "Role of Childhood Aerobic Fitness in Successful Street Crossing," *Medicine and Science in Sports and Exercises* (2012): 750. 该文中的某些作者——查多克（Chaddock）、希尔曼（Hillman）和克莱默（Kramer）与其他研究人员一起进行了一项对比研究："A Functional MRI Investigation of the Association between Childhood Aerobic Fitness and Neurocognitive Control," *Biological Psychology* 89 (2012): 260–68. 其中的几人一起发表了："Childhood

Aerobic Fitness Predicts Cognitive Performance One Year Later," *Journal of Sports Sciences* 30, no. 5 (March 2012): 421–430.

53. Chaddock et al., "Role of Childhood Aerobic Fitness," 752–753.

54. Diamond, "The Interplay of Biology," 4.

55. Diamond, "The Evidence Base for Improving School Outcomes," 784.

56. "Physical Activity Guidelines for Americans" (2008), www.health.gov/PAGuidelines/pdf/PAguide.pdf. 这比全国体育运动协会建议的时长要短，该协会建议每天进行累计 30 分钟的结构化体育活动（幼儿每天进行 60 分钟的非结构化体育活动）、60 分钟的结构化活动；若为学龄前儿童，每天应进行 60 分钟剧烈的体育活动（至少应有几次超过 15 分钟）。该协会还建议，5 至 12 岁儿童应经常活动至少 60 分钟。详见 www.aahperd.org/naspe/standards/nationalGuidelines/ActiveStart.cfm。

有趣的是，加拿大的体育活动指南建议，5 岁以下的儿童应进行 180 分钟的任意体育活动，年满 5 岁时活动可减少到 60 分钟。Line Tremblay, Celine Boudreau-Larivière, and Krystel Cimon-Lambert, "Promoting Physical Activity in Preschoolers: A Review of the Guidelines, Barriers, and Facilitators for Implementation of Policies and Practices," *Canadian Psychology* 53, no. 4 (November 2012): 280–290.

57. Kirsten K. Davison and Catherine T. Lawson, "Do Attributes in the Physical Environment Influence Children's Physical Activity? A Review of the Literature," *International Journal of Behavioral Nutrition and Physical Activity* 3 (2006), 详 见 www.ijbnpa.org/content/3/1/19.

58. Yovanka B. Lobo and Adam Winsler, "The Effects of a Creative Dance and Movement Program on the Social Competence of Head Start Preschoolers," *Social Development* 15 (2006): 501–519.

59. Diamond and Lee, "Interventions Shown to Aid Executive Function Development," 961.

第 5 章　收获友谊

1. Dunn, *Children's Friendships*, 7, 29, 156–157.

2. Diamond and Lee, "Interventions Shown to Aid Executive Function Development," 961.

3. Emily Bazelon, "American Kids Don't Know How to Explore. Maybe What They Need Is Forest Kindergarten," *Slate*, December 4, 2013.

4. Zigler and Bishop-Josef, "The Cognitive Child versus the Whole Child," 19. 这些作者认为，人造卫星发射后，人们渐渐对游戏不那么尊重了，但直到 20 世纪 70 年代随着趣味游乐场不断兴起，这一观点才被否定。

5. Anthony D. Pellegrini, *Recess: Its Role in Education and Development* (Mahwah, NJ: Lawrence Erlbaum Associates, 2005), 5.

6. Smith, *Children and Play*, 201–204.

7. Pellegrini, *Recess*, 153.

8. Smith, *Children and Play*, 118–119, 202; D. J. Bjorlund and B. L. Green, "Adaptive Nature of Cognitive Immaturity," *American Psychologist* 47 (1992): 46–54.

9. Sara Bennett and Nancy Kalish, *The Case against Homework: How Homework Is Hurting Our Children and What We Can Do About It* (New York: Crown Publishers, 2006). 该作品是最近评定家庭作业（尤其是低年级的作业）毫无价值的著作之一。作者引用了 Etta Kralovec 的话，她与 John Buell 合著了 *The End of Homework: How Homework Disrupts Families, Overburdens Children, and Limits Learning*, Boston: Beacon Press, 2000. 在该书的 13 页中，Kralovec 写道："目前尚未出现有关家庭作业有助于培养责任心、自律意识或内在动力的研究"。

10. Robert Murray 和 Catherine Ramstetter 代 表 美国儿科学会的学校健康发展委员会（Council on School Health of the American Academy of Pediatrics）发表文章，"Policy Statement: The Crucial Role of Recess in School," *Pediatrics* 131, no. 1 (January 2013): 183–188.

11. Anthony D. Pellegrini and Robyn M. Holmes, "The Role of Recess in Primary School," in Singer, Golinkoff, and Hirsh-Pasek, eds., *Play = Learning*, 50.

12. Anthony D. Pellegrini and Catherine M. Bohn, "The Role of Recess in Children's Cognitive Performance and School Adjustment," *Educational Researcher* 34, no. 1 (January/February 2005): 14.

13. Pellegrini and Holmes, "The Role of Recess in Primary School," 50–51.

14. Pellegrini, "Rough-and-Tumble Play," 112.

15. Sandseter and Kennair, "Children's Risky Play," 265–272.

16. Anthony D. Pellegrini, "Elementary School Children's Rough-and-Tumble Play," *Early Childhood Research Quarterly* 4 (1989): 245–260.

17. Richard Fletcher, Jennifer StGeorge, and Emily Freeman, "Rough and Tumble Play Quality: Theoretical Foundation for a New Measure of Father-Child Interaction," *Early Child Development and Care* 183, no. 6 (June 2012): 746.

18. Steven Johnson, *Mind Wide Open: Your Brain and the Neuroscience of Everyday Life* (New York: Scribner, 2005), 126. 中引用的 Jaak Panksepp 的观点。

19. McGonigal, *Reality Is Broken*, 84.

20. Smith, *Children and Play*, 111.

21. T. L. Reed and M. Brown, "The Expression of Care in the Rough and Tumble Play of Boys," *Journal of Research in Childhood Education* 15, no. 1: 104–116; Pellegrini, *The Role of Play in Human Development*, 10, 98. Pellegrini 表明，自 20 世纪 70 年代起，人们一直在讨论积极正面的"游戏表情"这一概念。

22. Reed and Brown, "The Expression of Care in the Rough and Tumble Play of Boys," 113.

23. Bundy et al., "The Risk Is That There Is 'No Risk,'" 33–45.

24. Cary J. Roseth et al., "Teacher Intervention and U.S. Preschoolers' Natural Conflict Resolution after Aggressive Competition," *Behaviour* 145 (2008): 1620.

25. Kilvington and Wood, *Reflective Playwork*, 77.

26. Anthony D. Pellegrini, "Rough-andTumble Play from Childhood through Adolescence: Development and Possible Functions," in *Blackwell Handbook of Childhood Social Development*, ed. Peter K. Smith and Craig H. Hart (Malden, MA: Wiley-Blackwell, 2004), 439.

27. Pellegrini, "Rough-and-Tumble Play," 112.

28. 同上，440 页。

29. 有关该项目的信息源于 2012 年 11 月 13 日在鹿特丹 Césare Peeren 与作者的访谈、2013 年 6 月 11 日；Sabine van Dijk（"儿童天堂"的教练）与作者的电话访谈及其在 2013 年 6 月 24 日写给作者的电子邮件。虽然当地政府部门一直在提供资金，但行政区划重新划分意味着 2014 年儿童天堂须向市政府申请资助。

30. Pellegrini and Bohn, "The Role of Recess," 13.

31. Huiyoung Shin and Allison M. Ryan, "How Do Adolescents Cope with Social Problems: An Examination of Social Goals, Coping with Friends, and Social Adjustment," *Journal of Early Adolescence* 32, no. 6 (2012): 852.

32. Lefaivre, *Ground-Up City*, 58–59.

33. 信息源于 2013 年 2 月 18 日 Joy Hendry 写给作者的邮件。

34. 信息源于 2012 年 6 月 26 日 . Gamze Abramov 和 Yossi Abramov 与作者的电话访谈、2012 年 6 月 19 日 Nicky Washida 写给作者的电子邮件。Gamze Abramov 和 Nicky Washida 是西方人，他们各自的孩子年龄还小时，都曾在日本生活了几年。

35. 信息源于 Nicky Washida 写给作者的电子邮件。

36. 信息源于 2013 年 1 月 8 日 Robert Aspinall 写给作者的电子邮件。

37. 信息源于 Nicky Washida 写给作者的电子邮件。

38. Shelia M. Kennison and Elisabeth Ponce Garcia, "The Role of Childhood Relationships with Older Adults in Reducing Risk-Taking by Young Adults," *Journal of Intergenerational Relationships* 10 (2012): 22–23. 两位作者认为，他们得出的结论验证了"恐惧管理理论"。

39. 同上，22 页。

40. 该项目的信息源于 2012 年 7 月 21 日 Avi Laiser 与作者的电话访谈。

41. Kalevi Korpela, Marketta Kyttä, and Terry Hartig, "Restorative Experience, Self Regulation, and Children's Place Preferences," *Journal of Environmental Psychology* 22 (2002): 388, 389, 395.

42. 该项目的信息源于 Clément Willemin 2012 年 11 月 26 日在巴黎与作者的访谈以及 2013 年 6 月 24 日写给作者的电子邮件。

43. 信息源于 2013 年 6 月 24 日 Clément Willemin 写给作者的电子邮件。

44. 信息源于 2011 年 8 月 11 日 Helen & Hard 建筑设计事务所的高级合伙人 Reinhard Kropf 与作者的访谈。

45. 该项目的信息源于 2013 年 6 月 28 日大西麻贵写给作者的电子邮件。日本企业 T Point 是该项目的主要赞助商之一。

第 6 章 接触大自然与探索体验

1. 其中一个例证是 2011 年 10 月俄勒冈州波特兰市公园及游乐部发布的资格预选申请。他们寻求在西莫兰公园（Westmoreland Park）建立"以大自然为基础的创意游戏区"的提案。该市希望，这能成为让其他公园变成自然区的试点项目。

2. Liz O'Brien, "Learning Outdoors: The Forest School Approach," *Education 3–13: International Journal of Primary, Elementary and Early Years Education* 37 (February 2009): 45–46.

3. Jane Waters and Sharon Begley, "Supporting the Development of Risk Taking Behaviours in the Early Years: An Exploratory Study," *International Journal of Primary, Elementary and Early Years Education* 35, no. 4 (May 2008): 368.

4. Susan G. Solomon, "Artful Playscapes," *Public Art Review*, no. 45 (Fall/Winter 2011): 50. 引用的蒂姆·吉尔的案例。

5. Diane Steinle, "New Dunedin Playground Recalls Naturalist's Love of the Outdoors," *Tampa Bay Times*, August 2, 2013.

6. 见 www.polkcountyiowa.gov/conservation/things-to-do/jester-park-natural-playscape/.

7. Laila Niklasson and Anette Sandberg, "Children and the Outdoor Environment," *European Early Childhood Education Research Journal* 18, no. 4 (2010): 487.

8. "Is Contact with Nature Important for Healthy Child Development: State of the Evidence," in *Children and Their Environments: Learning, Using and Designing Spaces*, ed. Christopher Spencer and Mark Blades (Cambridge: Cambridge University Press, 2006), 136.

9. Andrea Faber Taylor and Frances E. (Ming) Kuo, "Could Exposure to Everyday Green Spaces Help Treat ADHD? Evidence from Children's Play Settings," *Applied Psychology: Health and Well-Being* 3 (2011): 284.

10. Rachel Hine, Jules Pretty, and Jo Barton, *Research Project: Social, Psychological and Cultural Benefits of Large Natural Habitat & Wilderness Experience: A Review of Current Literature for the Wilderness Foundation* (Colchester: University of Essex, 2009), 26.

11. Stephen R. Kellert, "Experiencing Nature: Affective, Cognitive, and Evaluative Development in Children," in *Children and Nature: Psychological, Sociocultural, and Evolutionary Investigations*, ed. Peter H. Kahn, Jr., and Stephen R. Kellert (Cambridge: MIT Press, 2002), 139.

12. 比如，见 Robin C. Moore and Herbert H. Wong, *Natural Learning: The Life History of an Environmental Schoolyard* (Berkeley, CA: MIG Communications, 1997) 中具有启发性的故事。可参阅 Solomon, *American Playgrounds*, 72–75. 获得更多信息。

13. Moore and Wong, *Natural Learning*.

14. Wyver et al., "Ten Ways," 267.

15. Ellen Beate Hansen Sandseter, "Restrictive Safety or Unsafe Freedom? Norwegian ECEC Practitioners' Perceptions and Practices Concerning Children's Risky Play," *Child Care in Practice* 18 (2012): 87.

16. 同上，276 页。

17. 同上，83–101 页（90、87 页上引用的内容）

18. 信息源于 2013 年 5 月 6 日 Ellen Beate Hansen Sandseter 写给作者的电子邮件。

19. 信息源于 2012 年 11 月 14 日 Elger Blitz 与作者在阿姆斯特丹的访谈。

20. Robert Cervero and Cathleen Sullivan, "Kid-Friendly TODs," working paper, Institute of Urban and Regional Development, University of California, Berkeley, August 2010.

21. Andrea Broaddus, "Tale of Two Ecosuburbs in Freiburg, Germany: Encouraging Transit and Bicycle Use by Restricting Parking Provision," *Transportation Research Record* 2187 (2010): 114–122.

22. 信息源于 2011 年 12 月 11 日赫勒·纳贝隆与作者在哥本哈根的访谈。

23. Diamond, "The Evidence Base for Improving School Outcomes," 785–786.

24. 信息源于 2011 年 12 月 12 日纳贝隆与作者的访谈以及 2013 年 2 月 17 日写给作者的电子邮件。

25. 信息源于 2013 年 6 月 25 日 Pål Bøyesen 写给作者的邮件。在此特别感谢 Pål Bøyesen（他在附近的 ReMida 回收中心工作）解答我的问题，还找到了展现该校暑假面貌的照片。

26. 信息源于 2013 年 6 月 6 日 MVVA 景观设计事务所的高级合伙人 Matthew Urbanski 与作者在纽约布鲁克林的访谈。

27. 该项目的信息源于 2013 年 7 月 16 日与 Patrick Dougherty 的电话访谈以及 2013 年 10 月 22 日与湾区探索博物馆的 Karyn Flynn（首席执行官和执行董事）及其工作人员 Rose Kelly 和 Scott Dahlman 的访谈。

28. 该项目的信息源于 2013 年 8 月 22 日 HHA 的 Randi Augenstein 与作者之间的电子邮件。

第7章　发展方向

1. Whitney North Seymour, Jr., ed., *Small Urban Spaces: The Philosophy, Design, Sociology, and Politics of Vest-Pocket Parks and Other Small Urban Open Spaces* (New York: New York University Press, 1969).

2. 信息源于 2013 年 10 月 21 日与港区"公园服务人民"项目的负责人 Jennifer Isacoff 的电话访谈。

3. 信息源于 2006 年 1 月 31 日市艺术协会讨论组参与人 Roger Hart 的发言以及 2013 年 4 月 22 日与作者的电话访谈。

4. 信息源于 2012 年 11 月 7 日 Yashar Hanstad 在特隆赫姆与作者的访谈。

5. 信息源于 2012 年 6 月 5 日 *Floornature* 与 Andreas G. Gjertsen 的访谈，详见 www.floornature.com/architects/interview/andreas-g-gjertsen-tyin-tegnestue-architects-7795/.

6. Sarah Williams Goldhagen, "The Revolution at Your Community Library: New Media, New Community Centers," *New Republic*, March 9, 2013.

7. David Owen, "The Psychology of Space: Can a Norwegian Firm Solve the Problems of Times Square?" *New Yorker*, January 21, 2013. 关于音乐之家滑板项目的信息，详见 http://bip.inescporto.pt/en/96/noticia07.html.

8. Mike Lanza, *Playborhood: Turn Your Neighborhood into a Place for Play* (Menlo Park, CA: Free Play, 2012).

9. Matthew Urbanski, principal of Michael van Valkenburgh Associates, interview with author, June 10, 2013, Brooklyn, New York.

10. 信息源于 2013 年 5 月 3 日 Teri Hendy 与作者的电话访谈。

11. Bundy et al., "The Risk Is That There Is 'No Risk,'" 35.

12. Tim Gill, *No Fear: Growing Up in a Risk Averse Society* (London: Calouste Gulbenkian Foundation, 2007), 37–38. Gill 一直是个了不起的伙伴，感谢他帮助我理解那些不断变化的理念以及因素，它们改变着英国的风险效益分析。

13. 信息源于《规定游戏风险管理：实施指南》（*Managing Risk in Play Provision: Implementation Guide*，2002 年出版，2008 年由"游乐英格兰"补充）的前言，位于第 5 页，由 Robin Sutcliffe（游戏安全论坛主席）和 Adrian Voce（时任"游乐英格兰"总负责人）所著，该文件由国家儿童局出版，于 2012 年再版。

14. 同上。Sutcliffe 和 Voce 提到了《维护安全：政府的防护策略》（*Staying Safe: The Government's Safeguarding Strategy*）DCSF 2008b，他们注意到，该文件对欧洲标准的修订以及创立欧洲游戏安全论坛产生了影响。

15. 信息源于 2013 年 10 月 17 日 Tim Gill 写给作者的电子邮件。

16. Little and Eager, "Risk, Challenge and Safety," 501.

17. 同上，106 页。

18. 信息源于 2013 年 10 月 22 日 erect architecture 的高级合伙人 Barbara Kaucky 与作者的电话访谈。

19. Natalie Canning, "The Influence of the Outdoor Environment: Den-Making in Three Contexts," *European Early Childhood Education Research Journal* 8, no. 4 (2010): 557.

20. Sara Knight, *Risk and Adventure in Early Years Outdoor Play: Learning from Forest Schools* (London: Sage Publications, 2011), 5.

21. David Montgomery, "Creating the Park of the Future," *Washington Post*, September 13, 2013.

22. 信息源于 2013 年 3 月 14 日芝加哥市长办公室的新闻稿。

23. John Byrne, "Emanuel Moves Playgrounds to Front of Park District Line," *Chicago Tribune*, March 14, 2013. Byrne 就 Emanuel 发布的声明所做的报道比新闻稿更详细。社区、街道组织通过市辖区申请了游乐场改造资金。

24. 信息源于 2013 年 10 月 11 日城市公园开发总负责人 Adrian Benepe、2013 年 10 月 21 日"公园服务人民"项目负责人 Jennifer Isacoff 与作者的电话访谈。TPL 委托 Rand 公司撰写了一份报告，其中 Deborah Cohen、Terry Marsh 等人研究了洛杉矶的健身区对附近居民的影响。他们发现，公园的使用率有所增加，尤其是那些不经常去公园、运动强度从适度提高到了剧烈程度的群体中去公园的人数增加了。

结语：范例

1. Blaine Merker, "Taking Place: Rebar's Absurd Tactics in Generous Urbanism," in *Insurgent Public Space: Guerrilla Urbanism and the Remaking of Contemporary Cities*, ed. Jeffrey Hou (New York: Routledge, 2010), 49.

2. John King, "SF Parklets a Homegrown Effort," *San Francisco Chronicle*, July 9, 2012; 信息源于 2012 年 12 月 21 日 Matt Passmore 在加利福尼亚州伯克利与作者的访谈，另见 Merker, "Taking Place," 45.

3. Josh Stephens, "Parklets Create Public Space, 120 Square Feet at a Time," *California Planning and Development Report*, June 28, 2011, available at www.cp-dr.com/node/2977. Josh Stephens 说初始成本约为酬金 1000 美元以及移除两个停车计价器与建造的费用共 650 美元。每个赞助商须持续缴纳 100 万美元的责任保险。

4. 奥迪赞助了该场地，但他们的商业广告似乎仅限于一个小小的标志或是位于街道两侧。

5. 关于该项目的信息源自 2012 年 11 月 14 日在阿姆斯特丹与 Carve 的 Elger Blitz 的访谈。

6. 信息源于 2013 年 2 月 14 日 M. Paul Friedberg 在纽约市与作者的访谈。

7. 信息源于 2013 年 2 月 25 日 Jackie Safier、Meredith Thomas，2013 年 2 月 26 日 Nancy Madynski 与作者的访谈，所有访谈都在旧金山进行。

8. 信息源于 2013 年 1 月 16 日 Steven Koch 与作者的电话访谈。

9. 信息源于 2013 年 1 月 16 日 Steven Koch 与作者的电话访谈。商业制造商 Columbia Cascade 能够完成大部分定制工作。

10. 关于该项目的信息源于 Javier Malo de Molina（供职于 Burgos & Garrido 建筑设计事务所）2013 年 6 月 13 日与作者的电话访谈、2013 年 11 月 18 日在马德里与作者的讨论，以及 2013 年 6 月 4 日 Peter Heuken（供职于 Richter）与作者的电话访谈。

11. 信息源于"游乐景观"博客的创始人 Paige Johnson 2014 年 1 月 15 日写给作者的电子邮件。

12. *Alfred Ledermann and Alfred Trachsel, Creative Playgrounds and Recreation Centers* (New York: Frederick A. Praeger, 1959, 1968).

13. Lady Allen of Hurtwood, *Planning for Play* (London: Thames and Hudson, 1968), 15.

14. 同上，18 页。

15. 同上。

16. 同上，16 页。

17. 同上，15 页。

18. 同上，20 页。

19. 同上，17 页。

20. 信息源于 2013 年 2 月 26 日 Robert Whitaker 与作者的电话访谈。

21. 信息源于 2013 年 2 月 26 日 Robert Whitaker 与作者的电话访谈。

主要参考文献

Aamodt, Sandra, and Sam Wang. *Welcome to Your Child's Brain*. New York: Bloomsbury, 2011.

Aasen, Wenche, Liv Torunn Grindheim, and Jane Waters. "The Outdoor Environment as a Site for Children's Participation, Meaning-making and Democratic Learning: Examples from Norwegian Kindergartens." *International Journal of Primary, Elementary and Early Years Education* 37 (2009): 5–13.

Adolph, Karen E. "Learning to Move." *Current Directions in Psychological Science* 17, no. 3 (2008): 213–18.

Allen, Lady, of Hurtwood. *Planning for Play*. London: Thames and Hudson, 1968.

Andreas, Paul, and Peter Cachola Schmal. *Takaharu + Yui Tezuka: Nostalgic Future*. Frankfurt am Main: Deutsches Architeckturmuseum DAM, 2009.

Andreasen, Nancy C. *The Creative Brain: The Science of Genius*. London: Plume, 2006 (originally published as *The Creating Brain: The Neuroscience of Genius*, 2005).

Ball, David J. "Ships in the Night and the Quest for Safety." *Injury Control and Safety Promotion* 7, no. 2 (2000): 83–96.

———. "Policy Issues and Risk-benefit Trade Offs of 'Safer Surfacing' for Children's Playgrounds." *Accident Analysis and Prevention* 36, no. 4 (July 2004): 661–70.

———. "Trends in Fall Injuries Associated with Children's Outdoor Climbing Frames." *International Journal of Injury Control and Safety Promotion* 14, no. 1 (2007): 49–53.

Ball, David J., and Sonja Boehmer-Christiansen. "Societal Concerns and Risk Decisions." *Journal of Hazardous Materials* 114 (2007): 556–63.

Ball, David, Tim Gill, and Bernard Spiegal. "Managing Risk in Play Provision: Implementation Guide." 2nd ed. London: National Children's Bureau for Play England and on behalf of Play Safety Forum, 2012. Available at http://www.playengland.org.uk/media/172644/managing-risk-in-play-provision.pdf.

Ballon, Hilary, and Kenneth T. Jackson, eds. *Robert Moses and the Modern City: The Transformation of New York*. New York: W. W. Norton, 2007.

Best, John R., Patricia H. Miller, and Lara L. Jones. "Executive Functions after Age 5: Changes and Correlates." *Developmental Review* 29 (2009): 180–200.

Blair, Clancy, and Adele Diamond. "Biological Process in Prevention and Intervention: The Promotion of Self-regulation as a Means of Preventing School Failure." *Development and Psychopathology* 20 (2008): 899–911.

Bodrova, Elena, and Deborah J. Leong. "Why Children Need Play." *Scholastic Early Childhood Today* (September 2005): 6.

———. *Tools of the Mind: The Vygotskian Approach to Early Childhood Education*. 2nd ed. Upper Saddle River, NJ: Pearson/Merrill Prentice Hall, 2007.

Bonawitz, Elizabeth, Patrick Shafto, Hyowon Gweon, Noah D. Goodman, Elizabeth Spelke, and Laura Schluz. "The Double-edged Sword of Pedagogy: Instruction Limits Spontaneous Exploration and Discovery." *Cognition* 120 (2011): 322–30.

Bonawitz, Elizabeth, Tessa J. P. van Schijndel, Daniel Friel, and Laura Schulz. "Children Balance Theories and Evidence in Exploration, Explanation, and Learning." *Cognitive Psychology* 64 (2012): 215–34.

Boyer, Ty W. "The Development of Risk-taking: A Multi-perspective Review." *Developmental Review* 26 (2006): 291–345.

Broaddus, Andrea. "Tale of Two Eco-suburbs in Freiburg, Germany: Encouraging Transit and Bicycle Use by Restricting Parking Provision." *Transportation Research Record*, no. 2187 (2010): 114–22.

Broadhead, Pat, Justine Howard, and Elizabeth Wood, eds. *Play and Learning in the Early Years: From Research to Practice.* London: Sage, 2010.

Brock, Laura, Sara E. Rimm-Kaufman, Lori Nathanson, and Kevin J. Grimm. "The Contributions of 'Hot' and 'Cold' Executive Function to Children's Academic Achievement, Learning-related Behaviours, and Engagement in Kindergarten." *Early Childhood Research* Quarterly 24 (2009): 337–49.

Brussoni, Mariana, Lise L. Olsen, Ian Pike, and David A. Sleet. "Risky Play and Children's Safety: Balancing Priorities for Optimal Child Development." *International Journal of Environmental Research and Public Health* 9, no. 9 (September 2012): 3134–48.

Bundy, Anita C., et al. "The Sydney Playground Project: Popping the Bubblewrap—Unleashing the Power of Play: A Cluster Randomized Controlled Trial of a Primary School Playground–based Intervention Aiming to Increase Children's Physical Activity and Social Skills." *BMC Public Health* 11 (2011). Available at www.biomedcetnral.com/1471-2458/11/680. Last accessed January 13, 2014.

Bundy, Anita, Tim Luckett, Paul J. Tranter, et al. "The Risk Is That There Is 'No Risk': A Simple, Innovative Intervention to Increase Children's Activity Levels." *International Journal of Early Years Education* 17, no. 1 (March 2009): 33–45.

Bunge, Silvia A., and Samantha B. Wright. "Neurodevelopmental Changes in Working Memory and Cognitive Control." *Current Opinion in Neurobiology* 17 (2007): 243–50.

Burdette, Hillary L., and Robert C. Whitaker. "A National Study of Neighborhood Safety, Outdoor Play, Television Viewing, and Obesity in Pre-school Children." *Pediatrics* 116, no. 3 (September 1, 2005): 657–62.

———. "Resurrecting Free Play in Young Children: Looking beyond Fitness and Fatness to Attention, Affiliation, and Affect." *Archives of Pediatric Adolescent Medicine* 159 (2005): 46–50.

Canning, Natalie. "The Influence of the Outdoor Environment: Den-making in Three Contexts." *European Early Childhood Education Research Journal* 8, no. 4 (2010): 555–66.

Cardon, Greet, Eveline Van Cauwenberghe, Valery Labarque, Leen Haerens, and Ilse De Bourdeaudhuij. "The Contribution of Preschool Playground Factors in Explaining Children's Physical Activity during Recess." *International Journal of Behavioral Nutrition and Physical Activity* 5, no. 11 (2008). Available at http://www.ijbnpa.org/content/5/1/11. Last accessed January 13, 2014.

Carter, Christine. *Raising Happiness: 10 Simple Steps for More Joyful Kids and Happier Parents.* New York: Ballantine Books, 2011.

Cave, Peter. *Primary School in Japan: Self, Individuality and Learning in Elementary School.* New York: Routledge, 2007.

Chaddock, Laura, Mark B. Neider, Aubrey Lutz, Charles H. Hillman, and Arthur F. Kramer. "Role of Childhood Aerobic Fitness in Successful Street Crossing." *Medicine and Science in Sports and Exercises* 44 (2012): 749–53.

Chaddock, Laura, Matthew B. Pontifex, Charles H. Hillman, and Arthur F. Kramer. "A Review of the Relation of Aerobic Fitness and Physical Activity to Brain Structure and Function in Children." *Journal of the International Neuropsychological Society* 17 (2011): 975–85.

Christakis, Dimitri, Frederick J. Zimmerman, and Michelle M. Garrison. "Effect of Block Play on Language Acquisition and Attention in Toddlers." *Archives of Pediatrics and Adolescent Medicine* 161, no. 10 (2007): 967–71.

Christiansen, Per. *Kunst ute, Kunst inne: Utsmykking Trondheim/Public Art in Trondheim 2000–2010*. Trondheim: Taour Akademisk Forlag, 2010.

Christensen, Pia, and Miguel Romero Mikkelsen. "Jumping Off and Being Careful: Children's Strategies of Risk Management in Everyday Life." *Sociology of Health and Illness* 30, no. 1 (2008): 112–30.

Claxton, Guy, and Margaret Carr. "A Framework for Teaching Learning: The Dynamics of Disposition." *Early Years: An International Research Journal* 24, no. 1 (March 2004): 87–97.

Clough, Sharyn. "Gender and the Hygiene Hypothesis." *Social Science and Medicine* 30 (2010): 1–8.

Cook, Claire, Noah D. Goodman, and Laura E. Schulz. "Where Science Starts: Spontaneous Experiments in Preschoolers' Exploratory Play." *Cognition* 1200 (2011): 341–49.

Coolahan, Kathleen, Julia Mendez, John Fantuzzo, and Paul McDermott. "Preschool Peer Interactions and Readiness to Learn: Relationships between Classroom Peer Play and Learning Behaviors and Conduct." *Journal of Educational Psychology* 92, no. 3 (September 2000): 458–65.

Cross, Gary. *Kids' Stuff: Toys and the Changing World of American Childhood*. Cambridge: Harvard University Press, 1997.

Dattner, Richard. *Design for Play*. New York: Van Nostrand Reinhold, 1969.

Davidson, Matthew C., Dima Amso, Loren Cruess Anderson, and Adele Diamond. "Development of Cognitive and Executive Functions from 4 to 13 Years: Evidence from Manipulations of Memory, Inhibition, and Task Switching." *Neuropsychologia* 44, no. 1 (2006): 2037–78.

Davis, Susan, and Nancy Eppler-Wolff. *Raising Children Who Soar: A Guide to Healthy Risk-Taking in an Uncertain World*. New York: Teachers College Press, 2009.

DeDreu, C. K., et al. "Working Memory Benefits Creative Insight, Musical Improvisation, and Original Ideation through Maintained Task-Focused Attention." *Personality and Social Psychology Bulletin* 38 (February 2, 2012): 656–69.

Diamond, Adele. "The Interplay of Biology and the Environment Broadly Defined." *Developmental Psychology* 45 (2009): 1–8.

———. "Strategies and Programs That Help to Improve Executive Functions in Young Children." Presentation at American Psychological Association, August 2009, Toronto, Canada.

———. "The Evidence Base for Improving School Outcomes by Addressing the Whole Child and by Addressing Skills and Attitudes, Not Just Content." *Early Education and Development* 21, no. 5 (September 2010): 780–93.

———. "Activities and Programs That Improve Children's Executive Functions." *Current Directions in Psychological Science* 21 (2012): 335–41.

Diamond, Adele, W. Steven Barnett, Jessica Thomas, and Sarah Munro. "Preschool Program Improves Cognitive Control." *Science* 318 (November 30, 2007): 1387–88.

Diamond, Adele, and Kathleen Lee. "Interventions Shown to Aid Executive Function Development in Children 4 to 12 Years Old." *Science* 333, no. 6045 (August 19, 2011): 959–64.

Diener, Ed, and Robert Biswas-Diener. *Happiness: Unlocking the Mysteries of Psychological Wealth*. Malden, MA: Wiley-Blackwell Publishing, 2008.

Douglas, Susan J., and Meredith W. Michaels. *The Mommy Myth: The Idealization of Motherhood and How It Has Undermined All Women*. New York: Free Press, 2005 (first published 2004).

Duckworth, Angela, Christopher Peterson, Michael Matthews, and Dennis R. Kelly. "Grit: Perseverance and Passion for Long-Term Goals." *Journal of Personality and Social Psychology* 92, no. 6 (2007): 1087–1101.

Duckworth, Angela, and Martin E. P. Seligman. "Self-Discipline Outdoes IQ in Predicting Academic Performance of Adolescents." *Psychological Science* 16 (December 2005): 939–44.

Dunn, Judy. *Children's Friendships: The Beginnings of Intimacy*. Malden, MA: Wiley-Blackwell Publishing, 2004.

Dweck, Carol. *Mindset: The New Psychology of Success*. New York: Ballantine Books, 2007.

———. "Mind Sets and Equitable Education." *Principal Leadership* 10 (January 2010): 26–29.

Eccles, Jacquelynne, and Jennifer Appleton Gootman, eds. *Community Programs to Promote Youth Development*. Washington, DC: National Academy Press, 2002.

Eigsti, Inge-Marie, Vivian Zayas, Walter Mischel, et al. "Predicting Cognitive Control from Preschool to Late Adolescence and Young Adulthood." *Psychological Science* 17, no. 6 (2006): 478–84.

Eisenberg, Nancy, Carlos Valiente, Richard A. Fabes, et al. "The Relations of Effortful Control and Ego Control to Children's Resiliency and Social Functioning." *Developmental Psychology* 39 (2003): 761–76.

Elias, Cynthia L., and Laura E. Berk. "Self-regulation in Young Children: Is There a Role for Socio-dramatic Play?" *Early Childhood Research Quarterly* 17 (2002): 216–38.

Anita C. Bundy, et al. "Increasing Physical Activity in Young Primary School Children — It's Child's Play: A Cluster Randomised Trial." *Preventive Medicine* 56 (2013): 319–25.

Eriksen, Aase. *Playground Design: Outdoor Environments for Learning and Development*. New York: Van Nostrand Reinhold Company, 1985.

Fass, Paula E., and Michael Grossberg, eds. *Reinventing Childhood after World War II*. Philadelphia: University of Pennsylvania Press, 2011.

Fischer, Claude S. *Made in America: A Social History of American Culture and Character*. Chicago: University of Chicago Press, 2010.

Fjørtoft, Ingunn. "The Natural Environment as a Playground for Children." *Early Childhood Educational Journal* 29 (Winter 2001): 111–17.

———. "Landscape as Playscape: The Effect of Natural Environments on Children's Play and Motor Development." *Children, Youth and Environments* 14, no. 2 (2004): 21–44.

Francis, Mark, and Ray Lorenzo. "Children and City Design: Proactive Process and the 'Renewal' of Childhood." In *Children and Their Environments: Learning, Using and Designing Spaces*, edited by Christopher Spencer and Mark Blades. Cambridge: Cambridge University Press, 2006.

Friedberg, M. Paul, with Ellen Perry Berkeley. *Play and Interplay: A Manifest for New Design in Urban Recreational Environment*. New York: Macmillan, 1970.

Fromberg, Doris Pronin, and Doris Bergen, eds. *Play from Birth to Twelve: Contexts, Perspectives, and Meanings*. 2nd ed. New York: Routledge, 2006.

Frost, Joe L. "The Changing Culture of Childhood: A Perfect Storm." *Childhood Education* 83, no. 4 (Summer 2007): 225–30.

Frost, Joe L., and Barry L. Klein. *Children's Play and Playgrounds*. Boston: Allyn and Bacon, 1979.

Galinsky, Ellen. *Mind in the Making: The Seven Essential Life Skills Every Child Needs*. New York: Harper Studio, 2010.

Gardner, Daniel. *The Science of Fear: How the*

Culture of Fear Manipulates Your Brain. New York: Plume, 2009 (originally published by Dutton).

Gill, Tim. *No Fear: Growing Up in a Risk Averse Society.* London: Calouste Gulbenkian Foundation, 2007.

Ginsburg, Kenneth R. "The Importance of Play in Promoting Healthy Child Development and Maintaining Strong Parent-Child Bonds." *Clinical Report from the American Academy of Pediatrics* 119 (2007): 182–91.

Ginsburg, Kenneth R., with Martha M. Jablow. *Building Resilience in Children and Teens: Giving Kids Roots and Wings.* 2nd ed. Elk Grove Village, IL: American Academy of Pediatrics, 2011.

Gopnik, Alison. *The Philosophical Baby: What Children's Minds Tell Us about Truth, Love, and the Meaning of Life.* New York: Picador, 2009.

Gopnik, Alison, Andrew N. Meltzoff, and Patricia K. Kuhl. *The Scientist in the Crib: What Early Learning Tells Us about the Mind.* New York: Harper Perennial, 2001.

Gregory, Rob, and Catherine Slessor. "Fireplace for Children." *Architectural Review* 226 (December 2009): 102–3.

Grolnick, Wendy S. *The Psychology of Parental Control: How Well-Meant Parenting Backfires.* Mahwah, NJ: Lawrence Erlbaum Associates, 2003.

———. "The Role of Parents in Facilitating Autonomous Self-regulation for Education." *Theory and Research in Education* 7, no. 2 (2009): 164–73.

Grolnick, Wendy S., and Kathy Seal. *Pressured Parents, Stressed out Kids: Dealing with Competition while Raising a Successful Child.* Amherst, NY: Prometheus Books, 2008.

Guldberg, Helene. *Reclaiming Childhood: Freedom and Play in an Age of Fear.* London: Routledge, 2009.

Harris, Paul. L. *The Work of the Imagination.* Malden MA: Blackwell Publishing, 2000.

Hart, Roger. "Containing Children: Some Lessons on Planning for Play from New York City." *Environment and Urbanization* 14 (2002): 135–48.

Healy, Jane M. *Your Child's Growing Mind.* 3rd ed. New York: Broadway Books, 2004.

Hendry, Joy. *Understanding Japanese Society.* 4th ed. New York: Routledge, 2013.

Henig, Robin Marantz. "Taking Play Seriously." *New York Times Magazine*, February 17, 2008.

Henricks, Thomas S. *Play Reconsidered: Sociological Perspectives on Human Expression.* Urbana: University of Illinois Press, 2006.

Hillman, Charles H., Kirk I. Erickson, and Arthur F. Kramer. "Be Smart, Exercise Your Heart: Exercise Effects on Brain and Cognition." *Nature* 9 (January 2008): 58–65.

Hine, Rachel, Jules Pretty, and Jo Barton. "Research Project: Social, Psychological and Cultural Benefits of Large Natural Habitat & Wilderness Experience: A Review of Current Literature for the Wilderness Foundation." Colchester: University of Essex, 2009.

Hoffman, Diane. "Risky Investments: Parenting and the Production of the 'Resilient Child.'" *Health, Risk and Society* 12 (August 2010): 385–94.

Hou, Jeffrey, ed. *Insurgent Public Space: Guerrilla Urbanism and the Remaking of Contemporary Cities.* London: Routledge, 2010.

Hughes, Fergus P. *Children, Play, and Development.* 4th ed. Los Angeles: Sage Publications, 2010.

Iacoboni, Marco. *Mirroring People: The Science of Empathy and How We Connect with Others.* New York: Picador, 2008.

Jacobs, Paul. "Playleadership Revisited." *International Journal of Early Childhood* 33, no. 2 (2001): 32–43.

Job, Veronika, Carol S. Dweck, and Gregory M. Walton. "Ego-Depletion—Is It All in Your Head? Implicit Theories about Willpower Affect Self-Regulation." *Psychological Science* 11 (2010): 1686–93.

Jones, Stephanie M., and Edward Zigler. "The

Mozart Effect: Not Learning from History."
Applied Developmental Psychology 23 (2002):
355–72.

Kahn, Peter H., Jr. *The Human Relationship
with Nature: Development and Culture.*
Cambridge: MIT Press, 1999.

Kahn, Peter H., Jr., and Stephen R. Kellert,
eds. *Children and Nature: Psychological,
Sociocultural, and Evolutionary Investigations.*
Cambridge: MIT Press, 2002.

Kamijo, Keita, Matthew B. Pontifex, Kevin C.
O'Leary, Mark R. Scudder, Chien-Ting Wu,
Darla M. Castelli, and Charles H. Hillman.
"The Effect of an Afterschool Physical
Activity Program on Working Memory in
Pre-Adolescent Children." *Developmental
Science* 14, no. 5 (2011): 1046–58.

Keays, G., and R. Skinner. "Playground
Equipment Injuries at Home versus Those
in Public Settings: Differences in Severity."
Injury Prevention 18, no. 2 (April 2012): 38–41.

Kennison, Shelia M., and Elisabeth
Ponce-Garcia. "The Role of Childhood
Relationships with Older Adults in Reducing
Risk-Taking by Young Adults." *Journal of
Intergenerational Relationships* 10 (2012):
22–33.

Kilvington, Jacky, and Ali Wood. *Reflective
Playwork.* London: Continuum
International, 2010.

Kirp, David L. *Kids First: Five Big Ideas for
Transforming Children's Lives and America's
Future.* New York: Public Affairs, 2011.

Knight, Sara. *Risk and Adventure in Early Years
Outdoor Play: Learning from Forest Schools.*
London: Sage Publications, 2011.

Korpela, Kalevi, Marketta Kyttä, and
Terry Hartig. "Restorative Experience,
Self-regulation, and Children's Place
Preferences." *Journal of Environmental
Psychology* 22 (2002): 387–98.

Kuo, Frances E. "Social Aspects of Urban
Forestry: The Role of Arboriculture in
a Healthy Social Ecology." *Journal of
Arboriculture* 29 (May 2003): 148–55.

Kuo, Frances E., and Andrea Faber Taylor. "A
Potential Natural Treatment for Attention-
Deficit/Hyperactivity Disorder: Evidence
from a National Study." *American Journal of
Public Health* 94 (September 2004): 1580–86.

Landry, Susan H., Karen E. Smith, and Paul
R. Swank. "New Directions in Evaluating
Social Problem Solving in Childhood: Early
Precursors and Links to Adolescent Social
Competence." *New Directions for Child and
Adolescent Development* 123 (Spring 2009):
51–68.

Ledermann, Alfred, and Alfred Trachsel.
Creative Playgrounds and Recreation Centers.
New York: Frederick A. Praeger Publishers,
1959, 1968.

Lefaivre, Liane, and Henk Döll. *Ground-up City:
Play as a Design Tool.* Translated by George
Hall. Rotterdam: Nai 010 Publishers, 2007.

Lester, Stuart, and Wendy Russell. *Play England:
Play for a Change: Play, Policy and Practice: A
Review of Contemporary Perspectives.* London:
National Children's Bureau, 2008.

Lewis, Charlie, and Jeremy I. M. Carpendale,
eds. "Introduction to 'Social Interaction and
the Development of Executive Function.'"
Special issue of *New Direction for Child and
Adolescent Development* 123 (Spring 2009).

Lindon, Jennie. *Understanding Children and
Young People: Development from 5–18 Years.*
London: Hodder Arnold, 2007.

Little, Helen. "Children's Risk-taking
Behaviour: Implication for Early Childhood
Policy and Practice." *International Journal of
Early Years Education* 14 (June 2006): 141–54.

Little, Helen, and David Eager. "Risk, Challenge
and Safety: Implications for Play Quality
and Playground Design." *European Early
Childhood Education Research Journal* 18, no.
4 (2010): 497–513.

Little, Helen, and Shirley Wyver. "Outdoor
Play: Does Avoiding the Risks Reduce
the Benefits?" *Australian Journal of Early
Childhood* 33, no. 2 (2008): 33–40.

———. "Individual Difference in Children's Risk

Perception and Appraisals in Outdoor Play Environments." *International Journal of Early Years Education* 18, no. 4 (December 2010): 297-313.

Little, Helen, Shirley Wyver, and Frances Gibson. "The Influence of Play Context and Adult Attitudes on Young Children's Physical Risk-Taking during Outdoor Play." *European Early Childhood Education Research Journal* 19, no. 1 (2011): 113-31.

Lobo, Yovanka B., and Adam Winsler. "The Effects of a Creative Dance and Movement Program on the Social Competence of Head Start Preschoolers." *Social Development* 15 (2006): 501-19.

Lucas, Bill, and Guy Claxton. *New Kinds of Smart: How the Science of Learnable Intelligence Is Changing Education.* Maidenhead, UK: Open University Press, 2010.

Lupton, Deborah, and John Tulloch. "'Life Would Be Pretty Dull without Risk': Voluntary Risk-taking and Its Pleasures." *Health, Risk and Society* 4, no. 2 (2002): 113-24.

McGonigal, Jane. *Reality Is Broken: Why Games Make Us Better and How They Can Change the World.* New York: Penguin Group, 2011.

Medina, John. *Brain Rules for Baby: How to Raise a Smart and Happy Child from Zero to Five.* Seattle: Pear Press, 2010.

Mercogliano, Chris. *In Defense of Childhood: Protecting Kids' Inner Wildness.* Boston: Beacon Press, 2007.

Miller, Eric M., Gregory M. Walton, Carol S. Dweck, Veronika Job, Kali Trzesniewski, and Samuel M. McClure. "Theories of Willpower Affect Sustained Learning." *PLoS One* 7, no. 6 (June 2012). Available at http://www.stanford.edu/~gwalton/home/Publications_files/MillerWaltonDweckJobTrzesniewskiMcClure_2012.pdf. Last accessed January 13, 2014.

Milteer, Regina M., and Kenneth R. Ginsburg. "The Importance of Play in Promoting Healthy Child Development and Maintaining Strong Parent-Child Bond: Focus on Children in Poverty." *Pediatrics* 129 (January 1, 2012): 204-13.

Mintz, Steven. *Huck's Raft: A History of American Childhood.* Cambridge: Belknap Press, 2004.

Mischel, Walter, Yuichi Shoda, and Philip K. Peake. "The Nature of Adolescent Competencies Predicted by Preschool Delay of Gratification." *Journal of Personality and Social Psychology* 54, no. 4 (1988): 687-96.

Moore, Robin, and Herbert H. Wong. *Natural Learning: The Life History of an Environmental School Yard.* Berkeley, CA: MIG Communications, 1997.

Moser, Thomas, and Marianne T. Martinsen. "The Outdoor Environment in Norwegian Kindergartens as Pedagogical Space for Toddlers' Play, Learning and Development." *European Early Childhood Education Research Journal* 18, no. 4 (2010): 457-71.

Moyles, Janet, ed. *The Excellence of Play.* 3rd ed. Berkshire, England: Open University Press, 2010.

Munro, Sarah, Cecil Chau, Karine Gazarian, and Adele Diamond. "Dramatically Larger Flanker Effects." Presented at the Cognitive Neuroscience Society Annual Meeting, San Francisco, CA, April 9, 2006.

Muraven, Mark, and Roy F. Baumeister. "Self-Regulation and Depletion of Limited Resources: Does Self-Control Resemble a Muscle?" *Psychological Bulletin* 126, no. 2 (2000): 247-59.

Niklasson, Laila, and Anette Sandberg. "Children and the Outdoor Environment." *European Early Childhood Education Research Journal* 18, no. 4 (2010): 485-96.

Nisbett, Richard E. *The Geography of Thought: How Asians and Westerners Think Differently . . . and Why.* New York: Free Press, 2003.

O'Brien, Liz. "Learning Outdoors: The Forest School Approach." *Education 3-13: International Journal of Primary, Elementary and Early Years Education* 37 (February 2009): 45–46.

Ogata, Amy F. "Creative Playthings: Educational Toys and Postwar American Culture." *Winterthur Portfolio* 39, nos. 2/3 (2004): 129–56.

———. *Designing the Creative Child: Playthings and Places in Midcentury America.* Minneapolis: University of Minnesota Press, 2013.

Oldenburg, Ray. *The Great Good Place.* Cambridge: Da Capo Press. 1989.

Olson, Kristina R., and Carol S. Dweck. "A Blueprint for Social Cognitive Development." *Perspectives on Psychological Science* 3 (2008): 193–202.

———. "Social Cognitive Development: A New Look." *Child Development Perspectives* 3, no. 1 (2009): 60–65.

Pellegrini, Anthony D. "Elementary School Children's Rough and Tumble Play." *Early Childhood Research Quarterly* 4 (1989): 245–60.

———. *Recess: Its Role in Education and Development.* Mahwah, NJ: Lawrence Erlbaum Associates, 2005.

———. "Research and Policy on Children's Play." *Child Development Perspectives* 3, no. 2 (2009): 131–36.

———. *The Role of Play in Human Development.* Oxford: Oxford University Press, 2009.

Pellegrini, Anthony D., and Catherine M. Bohn. "The Role of Recess in Children's Cognitive Performance and School Adjustment." *Educational Researcher* 34, no. 1 (January–February 2005): 13–19.

Pellegrini, Anthony D., Danielle Dupuis, and Peter K. Smith. "Play in Evolution and Development." *Developmental Review* 27 (2007): 261–76.

Pellis, Sergio, and Vivien Pellis. *The Playful Brain: Venturing to the Limits of Neuroscience.* Oxford: Oneworld Publications, 2009.

Pontifex, Matthew B., Mark R. Scudder, Eric S. Drollette, and Charles H. Hillman. "Fit and Vigilant: The Relationship between Poorer Aerobic Fitness and Failures in Sustained Attention during Preadolescence." *Neuropsychology* 26, no. 4 (2012): 407–13.

Putnam, Robert D., and Lewis M. Feldstein, with Don Cohen. *Better Together: Restoring the American Community.* New York: Simon and Schuster, 2003.

Reed, Peter. *Groundswell: Constructing the Contemporary Landscape.* New York: Museum of Modern Art, 2005.

Rhoades, Brittany L., Mark T. Greenberg, Stephanie T. Lanza, and Clancy Blair. "Demographic and Familial Predictors of Early Executive Function Development: Contribution of a Person-Centered Perspective." *Journal of Experimental Child Psychology* 108 (March 2011): 638–62.

Rimm-Kaufman, Sara E., Tim W. Curby, et al. "The Contribution of Children's Self-Regulation and Classroom Quality to Children's Adaptive Behaviors in the Kindergarten Classroom." *Developmental Psychology* 45 (2009): 958–72.

Robson, Sue. "Self-regulation and Metacognition in Young Children's Self-initiated Play and Reflective Dialogue." *International Journal of Early Years Education* 18, no. 3 (September 2010): 227–41.

Roseth, Cary J., Anthony D. Pellegrini, et al. "Teacher Intervention and U.S. Preschoolers' Natural Conflict Resolution after Aggressive Competition." *Behaviour* 145 (2008): 1601–26.

Ruebush, Mary. *Why Dirt Is Good: 5 Ways to Make Germs Our Friends.* New York: Kaplan Publishing, 2009.

Salovey, Peter, Marc A. Brackett, and John D. Mayer. *Emotional Intelligence: Key Reading on the Mayer and Salovey Model.* Port Chester, NY: Dude Publishing, 2004.

Sandseter, Ellen Beate Hansen. "Categorizing Risky-Play: How Can We Identify Risk-Taking in Children's Play?" *European Early Childhood Education Research Journal* 15, no. 2 (June 2007): 237–52.

———. "Affordance for Risky Play in Preschool: The Importance of Features in the Play Environment." *Early Childhood Education Journal* 36 (2009): 439–46.

———. "Characteristics of Risky Play." *Journal of Adventure Education and Outdoor Learning* 9, no. 1 (2009): 3–21.

———. "Children's Expressions of Exhilaration and Fear in Risky Play." *Contemporary Issues in Early Childhood* 10, no. 2 (2009): 92–106.

———. "'It Tickles in My Tummy!': Understanding Children's Risk-taking in Play through Reversal Theory." *Journal of Early Childhood Research* 8, no. 1 (2010): 67–88.

———. "Restrictive Safety or Unsafe Freedom? Norwegian ECEC Practitioners' Perceptions and Practices Concerning Children's Risky Play." *Child Care in Practice* 18, no. 1 (January 2012): 83–101.

Sandseter, Ellen Beate Hansen, and Leif Edward Ottesen Kennair. "Children's Risky Play from an Evolutionary Perspective: The Anti-phobic Effects of Thrilling Experiences." *Evolutionary Psychology* 9, no. 2 (2011): 257–84.

Sandseter, Ellen Beate Hansen, Helen Little, and Shirley Wyver. "Do Theory and Pedagogy Have an Impact on Provision for Outdoor Learning? A Comparison of Australia and Norway." *Journal of Adventure Education and Outdoor Learning* 12, no. 3 (2012): 167–82.

Schulz, Laura E., and Elizabeth Bonawitz. "Serious Fun: Preschoolers Engaging in More Exploratory Play when Evidence Is Confounded." *Developmental Psychology* 43, no. 4 (2007): 1045–50.

Schulz, Laura, Holly R. Standing, and Elizabeth B. Bonawitz. "Word, Thought, and Deed: The Role of Object Categories in Children's Inductive Inferences and Exploratory Play." *Developmental Psychology* 44, no. 5 (2008): 1266–76.

Seligman, Martin E. P. *Flourish*. New York: Free Press, 2011.

Seymour, Whitney North, Jr., ed. *Small Urban Spaces: The Philosophy, Design, Sociology, and Politics of Vest-pocket Parks and Other Small Urban Open Spaces*. New York: New York University Press, 1969.

Shaw, Ben, Ben Watson, Bjorn Frauendienst, Andreas Redecker, Tim Jones, and Mayer Hillman. "Children's Independent Mobility: A Comparative Study in England and Germany (1971–2010)." Policy Studies Institute. Available at http://www.psi.org.uk /site/publication_detail/852. Last accessed January 13, 2014.

Shin, Huiyoung, and Allison M. Ryan. "How Do Adolescents Cope with Social Problems?: An Examination of Social Goals, Coping with Friends, and Social Adjustment." *Journal of Early Adolescence* 32, no. 6 (2012): 851–75.

Shonkoff, Jack P., and Deborah A. Phillips, eds. *From Neurons to Neighborhoods: The Science of Early Childhood Development*. Washington, DC: National Academy Press, 2000.

Shooter, Mike, and Sue Baily, eds. *The Young Mind*. London: Bantam and the Royal College of Psychiatrists, 2009.

Singer, Dorothy G., Roberta M. Golinkoff, and Kathy Hirsh-Pasek, eds. *Play=Learning: How Play Motivates and Enhances Children's Cognitive and Social-Emotional Growth*. New York: Oxford University Press, 2006.

Smith, Peter K. *Children and Play*. Malden, MA: Wiley-Blackwell, 2010.

Smith, Peter K., and Craig H. Hart, eds. *Blackwell Handbook of Childhood Social Development*. Malden, MA: Wiley-Blackwell, 2004.

Solomon, Susan G. *American Playgrounds: Revitalizing Community Space*. Hanover and London: 2005.

———. "Artful Playscapes." *Public Art Review* (Fall/Winter 2011): 48–53.

Staempfli, Marianne B. "Reintroducing Adventure into Children's Outdoor Play Environments." *Environment and Behavior* 41 (2009): 268–80.

Stipek, Deborah, Stephen Newton, and Amita Chudgar. "Learning-related Behaviors and Literacy Achievement in Elementary School–aged Children." *Early Childhood Research Quarterly* 25 (2010): 385–95.

Storli, Rune, and Trond Løge Hagen. "Affordances in Outdoor Environments and Children's Physically Active Play in Pre-School." *European Early Childhood Education Research Journal* 18, no. 4 (2010): 445–56.

Taylor, Andrea Faber, and Frances E. Kuo. "Is Contact with Nature Important for Healthy Child Development?: State of the Evidence." In *Children and Their Environments: Learning, Using and Designing Spaces*, edited by Christopher Spencer and Mark Blades. Cambridge: Cambridge University Press, 2006.

———. "Children with Attention Deficits Concentrate Better after Walk in the Park." *Journal of Attention Disorders* 12 (2009): 402–9.

———. "Could Exposure to Everyday Green Spaces Help Treat ADHD? Evidence from Children's Play Settings." *Applied Psychology: Health and Well-Being* 3 (2011): 281–303.

Taylor, Andrea Faber, Frances E. Kuo, and William C. Sullivan. "Copying with ADD: The Surprising Connection to Green Play Settings." *Environment and Behaviour* 33 (2001): 54–75.

———. "Views of Nature and Self-Discipline: Evidence from Inner City Children." *Journal of Environmental Psychology* 22 (2002): 49–63.

Thom, Betsy, Rosemary Sales, and Jenny J. Pearce, eds. *Growing Up with Risk*. Bristol: Policy Press, 2007.

Tobin, Joseph, Yeh Hsueh, and Mayumi Karasawa. *Preschool in Three Cultures Revisited: China, Japan, and the United States*. Chicago: University of Chicago Press, 2009.

Tough, Paul. *How Children Succeed: Grit, Curiosity, and the Hidden Power of Character*. Boston: Houghton Mifflin Harcourt, 2012.

Tovey, Helen. *Playing Outdoors: Spaces and Places, Risk and Challenge*. New York: McGraw Hill, 2007.

Trainor, James. "Reimagining Recreation." *Cabinet* 45 (Spring 2012). Available at http://cabinetmagazine.org/issues/45/trainor.php. Last accessed January 13, 2014.

Vollman, David, Rachel Witsaman, et al. "Epidemiology of Playground Equipment-Related Injuries to Children in the United States, 1996–2005." *Clinical Pediatrics* 48 (January 2009): 66–71.

Waldfogel, Jane. *What Children Need*. Cambridge: Harvard University Press, 2006.

Waller, Tim, Ellen Beate H. Sandseter, Shirley Wyver, Eva Ärlemalm-Hagser, and Trisha Maynard. "The Dynamics of Early Childhood Spaces: Opportunities for Outdoor Play?" *European Early Childhood Education Research Journal* 18, no. 4 (2010): 437–43.

Warner, Judith. *Perfect Madness: Motherhood in the Age of Anxiety*. New York: Riverhead Books, 2005.

Waters, Jane, and Sharon Begley. "Supporting the Development of Risk Taking Behaviours in the Early Years: An Exploratory Study." *International Journal of Primary, Elementary and Early Years Education* 35, no. 4 (May 2008): 365–77.

Waters, Jane, and Trisha Maynard. "What Is So Interesting Outside? A Study of Child-Initiated Interaction with Teachers in the Natural Outdoor Environment." *European Early Childhood Education Research Journal* 18, no. 4 (2010): 473–83.

Willoughby, M. T., R. J. Wirth, C. B. Blair, and Family Life Project Investigators. "Executive Function in Early Childhood: Longitudinal Measurement Invariance and Developmental Change." *Psychological Assessment* 24, no. 2 (October 24, 2011): 418–431.

Wyver, Shirley R., and Susan H. Spence. "Play and Divergent Problem-Solving: Evidence Supporting a Reciprocal Relationship."

Early Education and Development 10, no. 4 (October 1999).

Wyver, Shirley, Paul Tranter, Geraldine Naughton, Helen Little, Ellen Beate Hansen Sandseter, and Anita Bundy. "Ten Ways to Restrict Children's Freedom to Play: The Problem of Surplus Safety." *Contemporary Issues in Early Childhood* 11, no. 3 (2010). Available at www.wwwords.co.uk/CIEC. Last accessed January 13, 2014.

作者简介

苏珊·G. 所罗门（Susan G. Solomon），美国宾夕法尼亚大学艺术史博士，建筑史研究者和专栏作家，现居美国新泽西州。儿童户外游戏空间研究专家，为儿童活动场地设计提供咨询。除本书外，著有《美国游乐场：复兴社区空间》（*American Playgrounds: Revitalizing Community Space*）等。

译校者简介

翻译：

赵晶，博士，北京林业大学园林学院副教授，城乡生态环境北京实验室、美丽中国人居生态环境研究院研究员。《风景园林》杂志副主编，中国风景园林学会教育工作委员会学术部副部长，中国风景园林学会理论历史分会委员。

陈智平，高校教师，毕业于北京外国语大学高级翻译学院。

周啸，景观设计师。美国马萨诸塞大学阿默斯特分校（University of Massachusetts, Amherst）景观设计专业硕士，北京林业大学风景园林专业学士。

张博雅，景观设计师，毕业于荷兰代尔夫特理工大学。

校对：

陈曦，幼教工作者。蒙特梭利国际协会（AMI）3～6岁主教资格证书，美国马里兰洛约拉大学（Loyola University Maryland）教育学硕士，英国伦敦大学学院（University College London）语言学硕士，中山大学文学学士。

译后记

　　译者在为儿童活动场地实践项目寻找参考资料时初遇此书。在浩如烟海的资料中，译者发现，相比于其他年代久远的经验之谈，此书的结论更为言之有据，而且结合了当时（2014年）最新的生理学、神经科学等科学研究成果。同时，书中还涵盖了大量作者在世界各地寻访的优秀儿童活动场地实践项目的介绍，这为理论研究和设计实践都提供了重要的一手信息。

　　据2019年的统计结果，我国14岁以下儿童的数量达到了2.49亿，占到当年全国总人口的17.78%、全球儿童总量的12.65%。随着"二孩政策"的放开，我国对于儿童活动空间的需求正日益增加。然而，从目前的城市建设来看，显然还未给予儿童户外活动空间足够的重视。这一情况最直接的体现便是城市公共空间分配上的不均衡。在我国快速城市化、公共空间市场化的趋势下，虽然近年来室内收费儿童游乐场数量激增，但在如此高密度的城市环境中，儿童户外活动空间却非常匮乏。此外，活动场地和设施品质也稍显不合理。就国内现有的户外儿童游戏场地来看，其类型十分有限，以幼儿园、学校附属场地、居住区的游乐区为主；并且形式上千篇一律，主要是围栏内的游戏器械，公共开放性也有待提高。总之，我国大量少年儿童正处于身体成长和思维发展的快速阶段，建设优质的儿童活动空间对少年儿童的心智培养、习惯养成的重要性不言而喻，相关规划设计任重道远。

　　本书虽非专为中国儿童而作，但其中所述内容与今天中国的情况有很多相似之处，因此期望它对我国解决儿童活动空间方面的问题能够发挥独特的理论价值并提供一定的现实参考意义。

　　翻译书籍绝非一件易事，但译者却发自内心地想完成它，不是因为这项工作于译者本人有职称评审、聘期考核上的功利性益处，而是因为译者自身也是一位母亲。自2017年孩子出生以来，译者经常带他去各类游乐场玩耍，在切身体验过这些儿童游乐场的建设和使用后，发现了它们的不足，也有了一些个人的感触和认知，因此想通过自身所学，为该领域的发展尽绵薄之力。翻译过程当然不轻松，前后历时数年，期间通过对原著的仔细研读以及查阅大量相关资料，译者也对此书及该领域产生了一些自己的审辨与思考。起初，带着初为人母的赤诚之心接下了本书的翻译工作，没想到当最终完成翻译和校对并付梓时，已是儿子四岁的生日。在服务广大读者之余，我也想将这本书送给我的儿子，这是一份具有母亲个人职业特征的特殊礼物，告诉他母亲想了解他所在的群体，想为他们创造更快乐的生活。

赵晶

2021 年 5 月

彩图 1 巴黎贝尔维尔公园的游乐场，由 BASE 景观设计事务所设计，2008 年建成。这是游乐场的底层，孩子们借助绳索攀登到木板覆盖的封闭区域（Robert S. Solomon 摄于 2012 年）

彩图 2 巴黎贝尔维尔公园的游乐场，由 BASE 景观设计事务所设计，2008 年建成。这是游乐场的第二层，儿童至此到达游乐场的木制平台（Robert S. Solomon 摄于 2012 年）

彩图 3 "编织奇幻空间 II"（2009 年制成），由堀内纪子设计，位于日本箱根的箱根露天博物馆由手塚建筑设计事务所设计的网状木屋展馆内。小洞是为确保网的内部专供儿童使用（作者摄于 2013 年）

彩图 4　舍姆路幼儿园内篝火屋（2009 年建成）的外观，位于挪威特隆赫姆，由 Haugen/Zohar 建筑设计事务所设计。该项目获评《建筑评论》2009 年 AR+D 新兴建筑方案之一（Haugen/Zohar 建筑设计事务所供图）

彩图 5　2012Architecten 建筑设计事务所（现为 Superuse 工作室）设计的维卡多游乐场（2009 年建成），位于荷兰鹿特丹（Denis Guzzo 摄及供图）

彩图 6　地质公园（2008 年建成），由 Helen & Hard 建筑设计事务所设计，位于挪威斯塔万格（Helen & Hard 建筑设计事务所供图，Emile Ashley 摄）

彩图 7　梅尔公园（2010 年建成），由 Carve 公共艺术设计事务所设计，位于荷兰阿姆斯特丹。小溪的两岸都有游乐区（Carve.nl 供图）

彩图 8　斯瓦特拉蒙幼儿园（2007 年建成）的户外场地，位于挪威特隆赫姆，由 Brendeland & Kristoffersen 建筑设计事务所设计。拍摄角度取自回收中心（就在隔壁），可看到园内饲养的羊群及后方的山丘（特隆赫姆的 Pål Bøyesen 和雷米达回收中心供图）

彩图 9 "孔堤社区灯笼"（2011 年建成），位于泰国曼谷，由 TYIN Tegnestue 建筑设计事务所设计（Pasi Aalto 摄，TYIN Tegnestue 建筑设计事务所供图）

彩图 10 伦敦伊丽莎白女王奥林匹克公园北部的游乐场（2013 年建成），由直立建筑（负责游戏结构）和 LUC（负责景观设计）设计。该项目位于 2012 年奥运会后留下的一个场地，在由伦敦遗产开发公司赞助的比赛中获奖（David Grandorge 摄，erect architecture 供图）

彩图 11 范博伊宁根广场（2011 年建成），位于荷兰阿姆斯特丹，由 Concrete 建筑设计事务所、Dijk & Co. 景观设计公司、Carve 公共艺术设计事务所共同创作。Carve 重新配置吊索秋千，设计了这种巧妙的攀爬设施（作者摄于 2012 年）

彩图12　多洛雷斯公园的海伦迪勒游乐场（2012年建成），由Koch景观设计事务所的史蒂文·科赫设计，位于加利福尼亚州旧金山市。游乐场嵌入公园的低地，街上经过的汽车几乎看不到这个场所（作者摄于2013年）

彩图13　悬挂在桥下红圆圈下方的秋千让人想起了阿尔多·凡·艾克利用"剩余"空间为儿童提供活动场所的做法。该视角还展现了其他游乐区、咖啡馆与供步行、慢跑的小道无缝连接。场地由Burgos & Garrido、Porras La-Casta、Rubio & Alvarez Sala、西8联合设计，团队总监是希内斯·加里多（2011年建成），位于西班牙马德里里约（Robert S. Solomon摄于2013年）